2019
研究前沿及分析解读

中国科学院科技战略咨询研究院
中国科学院文献情报中心
〔英〕科睿唯安

2019 Research Fronts and Analysis

科学出版社
北京

内 容 简 介

本书以大数据和文献计量学中的共被引分析方法为基础，基于科睿唯安的 Essential Science Indicators（ESI）数据库中的 10 587 个研究前沿，首先，遴选出 2019 年自然科学和社会科学的 10 个大学科领域排名最前的 100 个热点前沿和 37 个新兴前沿，重点选择一些研究前沿进行详细分析和解读；其次，利用研究前沿热度指数评估和分析世界主要国家在研究前沿中的研究活跃程度、主要贡献和发展潜力；最后，着重对中国和美国在 137 个研究前沿的参与情况展开详细的比较分析，以期在基础前沿方向上掌握中国与美国的差距和优势。

本书为基础前沿领域方向的分析提供定量监测和专业分析相结合的情报基础，为科技发展大势的研判提供一定角度的证据，对科技管理者、科研人员和公众具有重要的参考价值。

图书在版编目（CIP）数据

2019研究前沿及分析解读/中国科学院科技战略咨询研究院，中国科学院文献情报中心，英国科睿唯安著.—北京：科学出版社，2021.3

ISBN 978-7-03-067772-3

Ⅰ.①2⋯ Ⅱ.①中⋯ ②中⋯ ③英⋯ Ⅲ.①社会科学–发展–世界–2019②自然科学–发展–世界–2019 Ⅳ.①C11②N11

中国版本图书馆CIP数据核字（2020）第263904号

责任编辑：邹 聪 刘巧巧 / 责任校对：韩 杨
责任印制：师艳茹 / 封面设计：无极书装

科学出版社 出版
北京东黄城根北街 16 号
邮政编码：100717
http://www.sciencep.com

北京汇瑞嘉合文化发展有限公司 印刷
科学出版社发行 各地新华书店经销

*

2021 年 3 月第 一 版　开本：787×1092　1/16
2021 年 3 月第一次印刷　印张：9 3/4
字数：200 000

定价：98.00 元

（如有印装质量问题，我社负责调换）

编纂委员会

专家指导委员会

主　　　任　　白春礼
副 主 任　　丁仲礼　张　涛
执行副主任　　潘教峰　刘会洲　郭　利
委　　　员　　于　渌　李国杰　方荣祥　李永舫　姚檀栋　李树深
　　　　　　　翟明国　喻树迅　李晋闽　张　凤　张晓林　刘　清
　　　　　　　何国威　肖立业　程代展　朱　祯　高彩霞　单保慈
　　　　　　　赵　冰　张建玲　刘会贞　田　野　史建波　施　一
　　　　　　　张正斌　张　雯　何　畅

2019 研究前沿

总体组

科睿唯安　　David Pendlebury　岳卫平　王　琳　李　颖
中国科学院科技战略咨询研究院　　冷伏海　周秋菊

前沿解读组（前沿命名与重点前沿解读分析）

农业、植物学和动物学　　袁建霞
生态与环境科学　　邢　颖
地球科学　　范唯唯　杨　帆
临床医学　　李赞梅　李军莲　冀玉静
生物科学　　周秋菊
化学与材料科学　　边文越　张超星
物理学　　黄龙光

天文学与天体物理学　　韩　淋　王海名　杨　帆
数学、计算机科学与工程学　　王海名　王海霞
经济学、心理学及其他社会科学　　裴瑞敏

英文翻译组

袁建霞　邢　颖　周秋菊　范唯唯　王海名　杨　帆　李赞梅　李军莲
冀玉静　边文越　张超星　黄龙光　韩　淋　王海霞　裴瑞敏　岳卫平
王　琳　Christopher M. King

2019 研究前沿热度指数

策　　划　　潘教峰
指数设计　　冷伏海
数据分析与报告撰写　　周秋菊
统稿把关　　冷伏海　杨　帆　岳卫平
咨询顾问　　张　凤　刘　清　郭　利

中美研究前沿科研实力比较研究

数据分析、报告撰写及统稿　　周秋菊　冷伏海

数据支持组

科睿唯安
中国科学院科技战略咨询研究院　　王小梅　李国鹏

目　录
CONTENTS

第 1 章　方法论和数据说明 ……………………………………… 1
　1.1　背景介绍 ……………………………………………………… 1
　1.2　方法论 ………………………………………………………… 2

第 2 章　农业、植物学和动物学 ………………………………… 7
　2.1　热点前沿及重点热点前沿解读 ……………………………… 7
　2.2　新兴前沿及重点新兴前沿解读 ……………………………… 12

第 3 章　生态与环境科学 ………………………………………… 13
　3.1　热点前沿及重点热点前沿解读 ……………………………… 13
　3.2　新兴前沿及重点新兴前沿解读 ……………………………… 18

第 4 章　地球科学 ………………………………………………… 19
　4.1　热点前沿及重点热点前沿解读 ……………………………… 19
　4.2　新兴前沿及重点新兴前沿解读 ……………………………… 24

第 5 章　临床医学 ………………………………………………… 27
　5.1　热点前沿及重点热点前沿解读 ……………………………… 27
　5.2　新兴前沿及重点新兴前沿解读 ……………………………… 32

第 6 章　生物科学 ………………………………………………… 35
　6.1　热点前沿及重点热点前沿解读 ……………………………… 35
　6.2　新兴前沿及重点新兴前沿解读 ……………………………… 40

第 7 章　化学与材料科学 ………………………………………… 43
　7.1　热点前沿及重点热点前沿解读 ……………………………… 43
　7.2　新兴前沿及重点新兴前沿解读 ……………………………… 47

第 8 章　物理学 …………………………………………………… 49
　8.1　热点前沿及重点热点前沿解读 ……………………………… 49
　8.2　新兴前沿及重点新兴前沿解读 ……………………………… 53

第 9 章　天文学与天体物理学 ··················· 55
　　9.1　热点前沿及重点热点前沿解读 ················· 55
　　9.2　新兴前沿及重点新兴前沿解读 ················· 60

第 10 章　数学、计算机科学与工程学 ················ 61
　　10.1　热点前沿及重点热点前沿解读 ················ 61
　　10.2　新兴前沿及重点新兴前沿解读 ················ 66

第 11 章　经济学、心理学及其他社会科学 ············· 67
　　11.1　热点前沿及重点热点前沿解读 ················ 67
　　11.2　新兴前沿及重点新兴前沿解读 ················ 71

第 12 章　2019 研究前沿热度指数 ·················· 73
　　12.1　10 个学科领域整体国家研究前沿热度指数排名 ········ 75
　　12.2　国家研究前沿热度指数分领域分析 ·············· 82

第 13 章　中美研究前沿科研实力比较研究 ············· 103
　　13.1　评价方法 ························· 104
　　13.2　中美在各领域的科研实力整体比较分析 ··········· 106
　　13.3　中美在各主要领域具体前沿科研实力比较分析 ········ 110
　　13.4　讨论 ··························· 134

附录　研究前沿综述：寻找科学的结构 ················ 139

第 1 章　方法论和数据说明

1.1　背景介绍

科学研究的世界呈现出蔓延生长、不断演化的景象。科研管理者和政策制定者需要掌握科研的进展和动态，以有限的资源来支持和推进科学进步。对于他们而言，洞察科研动向，尤其是跟踪新兴专业领域，将对其工作产生重大的意义。

为此，科睿唯安发布了"研究前沿"（Research Fronts）数据和报告。定义一个被称作研究前沿的专业领域的办法，源自科学研究之间存在的某种特定的共性。这种共性可能来自实验数据，也可能来自研究方法，或者概念和假设，并反映在科学家在论文中引用其他科学家的工作这个学术行为之中。

通过持续跟踪全球最重要的科研和学术论文，研究分析论文被引用的模式和聚类，特别是成簇的高被引论文频繁地共同被引用的情况，可以发现研究前沿。当一簇高被引论文共同被引用的情形达到一定的活跃度和连贯性时，就形成一个研究前沿，而这一簇高被引论文便是组成该研究前沿的"核心论文"。研究前沿的分析数据揭示了不同研究者在探究相关的科学问题时会产生一定的关联，尽管这些研究人员的背景不同或来自不同的学科领域。

总之，研究前沿的分析提供了一个独特的视角来揭示科学研究的脉络。研究前沿的分析不依赖于对文献的人工标引和分类（因为这种方法可能会有标引分类人员判断的主观性），而是基于研究人员的相互引用而形成的知识之间和人之间的联络。这些研究前沿的数据连续记载了分散的研究领域的发生、汇聚、发展（或者是萎缩、消散），以及分化和自组织成更近的研究活动节点。在演进的过程中，每组核心论文的基本情况，如主要的论文、作者、研究机构等，都可以被查明和跟踪。通过对该研究前沿的施引文献的分析，可以发现该领域的最新进展和发展方向。

2013 年，科睿唯安发布了《2013 研究前沿——自然科学和社会科学的前 100 个探索领域》的白皮书。2014 年和 2015 年科睿唯安与中国科学院文献情报中心成立的"新兴技术未来分析联合研究中心"推出了《2014 研究前沿》和《2015 研究前沿》分析报告。2016 年、2017 年和 2018 年，中国科学院科技战略咨询研究院、中国科学院文献情报中心和科睿唯安联合发布了《2016 研究前沿》、《2017 研究前沿》和《2018 研究前沿》分析报告，这一系列报告引起了全球广泛的关注。2019 年，在以往系列研究前沿报告的基础上，推出了《2019 研究前沿》分析报告。报告仍然以文献计量学中的共被引分析方法为基础，基于科睿唯安的 Essential Science Indicators（ESI）数据库中的 10 587 个研究前沿，遴选出了 2019 年自然科学和社会科学的 10 个大学科领域排名最前的 100 个热点前沿和 37 个新兴前沿。

1.2 方法论

整个分析工作分为两个部分：研究前沿的遴选、137 个研究前沿的核心论文及其施引文献的数据提供由科睿唯安完成；研究前沿的分析和重点研究前沿（包括重点热点前沿和重点新兴前沿）的遴选及解读由中国科学院科技战略咨询研究院科技战略情报研究所主持完成。此次分析基于 2013~2018 年的论文数据，数据下载时间为 2019 年 3 月。

1.2.1 研究前沿的遴选

《2019 研究前沿》分析报告反映了当前自然科学与社会科学的 10 个大学科领域的 137 个研究前沿（包括 100 个热点前沿和 37 个新兴前沿）。我们以 ESI 数据库中的 10 587 个研究前沿为起点，遴选目标是要找到那些较为活跃或发展迅速的研究前沿。报告中所列的 137 个研究前沿的具体筛选过程如下。

1.2.1.1 热点前沿的遴选

首先把 ESI 数据库的 21 个学科划分到 10 个高度聚合的大学科领域中，然后对每个 ESI 学科中的研究前沿的核心论文，按照总被引频次进行排序，提取排在每个 ESI 学科前 10% 的最具引文影响力的研究前沿，并将其整合到 10 个大领域中，以此数据为基础，再根据核心论文出版年的平均值重新排序，遴选出每个领域中那些"最年轻"的研究前沿。通过上述几个步骤在每个大学科领域分别选出 10 个热点前沿，共计 100 个热点前沿。因为每个领域具有不同的特点和引用行为，有些学科领域中的很多研究前沿在核心论文数和总被引频次上会相对较小，所以从 10 个大学科领域中分别遴选出的排名前 10 的热点前沿，代表各大领域中最具影响力的研究前沿，但并不一定代表跨数据库（所有学科）中最大最热的研究前沿。

1.2.1.2 新兴前沿的遴选

一个有很多新近的核心论文的研究前沿，通常提示其是一个快速发展的专业研究方向。为了选取新兴的前沿，组成研究前沿的基础文献即核心论文的时效性是优先考虑的因素。这就是为什么我们称其为"新兴前沿"。为了识别新兴前沿，我们对研究前沿中的核心论文的出版年赋予了更多的权重或优先权,只有核心论文平均出版年在2017年6月之后的研究前沿才被考虑,将每个ESI学科的研究前沿按被引频次从高到低排序,选取被引频次排在前10%的研究前沿,然后各学科战略情报研究人员经过调研和评审,遴选出每个ESI学科中的新兴前沿,并将其整合到10个大领域中,从而遴选出了10个大领域的37个新兴前沿,这37个新兴前沿最早的平均出版年是2017年6月。遴选不限定学科,因此37个新兴前沿在10个大学科领域中分布并不均匀,生态与环境科学、地球科学、农业、植物学和动物学领域分别只有1个新兴前沿,而化学与材料科学领域选出了5个新兴前沿。

通过以上两种方法,本报告突出显示了10个高度聚合的大学科领域中的100个热点前沿和37个新兴前沿。

1.2.2 研究前沿的分析及重点研究前沿的遴选和解读

本报告在科睿唯安遴选的137个研究前沿数据的基础上,由中国科学院科技战略咨询研究院的战略情报研究人员对10个大学科领域的100个热点前沿的发展趋势进行了分析,并对30个重点研究前沿进行了详细的解读(见第2至11章)。重点研究前沿包括重点热点前沿和重点新兴前沿两部分。

研究前沿是由一组高被引的核心论文和一组共同引用核心论文的施引文献组成的。核心论文来自ESI数据库中的高被引论文,即在同学科同年度中根据被引频次排在前1%的论文。这些有影响力的核心论文的作者、机构、国家在该领域也做出了不可磨灭的贡献,本报告也对其进行了深入分析和解读。同时,引用这些核心论文的施引文献可以反映出核心论文所提出的技术、数据、理论在发表之后是如何被进一步发展的,即使这些引用核心论文的施引文献本身并不是高被引论文。

1.2.2.1 重点研究前沿的遴选

2014年研究前沿设计了遴选重点研究前沿的指标CPT,2015年在CPT指标的基础上,又增加了规模指标,即核心论文数(P)。

1)核心论文数(P)

ESI数据库用共被引文献簇(核心论文)来表征研究前沿,并根据文献簇的元数据及其统计揭示研究前沿的发展态势,其中P总量标志着研究前沿的大小,文献簇的平均出版年和论文的时间分布标志着研究前沿的进度。P表达了研究前沿中知识基础的重要程度。在一定时间段内,一个前沿的P越大,表明该前沿越活跃。

2)CPT指标

CPT是核心论文的总被引频次(C)除以P,再除以施引文献所发生的年数(T)。"施引文献所发生的年数"指施引文献集合中最新发表的施引文献与最早发表的施引文献的发表时间的差值。如最新发表的施引文献的发表时间为2017年,最早发表的施引文献的发表时间为2013年,则该施引文献所发生的年数为4。

$$\text{CPT} = (C/P)/T = \frac{C}{P \cdot T}$$

CPT 实际上是一个研究前沿的平均引文影响力和施引文献所发生的年数的比值，该指标越高代表该前沿越热或越具有影响力。它反映了某研究前沿的引文影响力的广泛性和及时性，可以用于探测研究前沿的突现、发展以及预测研究前沿下一个时期可能的发展。该指标既考虑了某研究前沿受到关注的程度，即核心论文的总被引频次，又反映了该研究前沿受关注的年代趋势，即施引文献所发生的年度。

在研究前沿被持续引用的前提下，当两个研究前沿的 P 和 T 值分别相等时，则 C 值较大的研究前沿的 CPT 值也随之较大，指示该研究前沿引文影响力较大；当两个研究前沿的 C 和 P 值分别相等时，则 T 值较小的研究前沿的 CPT 值相反会较大，指示该研究前沿在近期受关注度较高；当两个研究前沿的 C 和 T 值分别相等时，P 值较小的研究前沿的 CPT 值反而会较大，指示该研究前沿中核心论文的平均引文影响力较大。

《2019 研究前沿》在遴选重点研究前沿过程中，对每个大学科领域的 10 个热点前沿用 P 和 CPT 指标结合战略情报研究人员的专业判断各遴选出一个重点热点前沿，专业判断主要考虑该前沿是否对解决重大问题有重要意义。一般首先选择 P 值最高的两个前沿，比较两个前沿哪个对解决重大问题更有重要意义，如"连续血糖监测与人工胰腺系统用于糖尿病管理"和"英利昔单抗生物类似药有效性和安全

性"，很明显后者更有重要意义，因此选择后者。然后，用 CPT 指标结合专业判断再各遴选出一个重点热点前沿。因此通过这两种方法共遴选出 20 个重点热点前沿。对于 37 个新兴前沿，利用 CPT 指标结合战略情报研究人员的判断遴选出 10 个重点新兴前沿。因此对于 137 个研究前沿，共遴选出 30 个重点研究前沿进行深入解读。

1.2.2.2 研究前沿的分析和解读

1）热点前沿分析及重点热点前沿的解读

对于每个学科领域，第一张表展示各自的前 10 个热点前沿的核心论文的数量、被引频次以及核心论文平均出版年，每个学科领域遴选出的重点热点前沿在表中用绿色底纹标出。然后，对每个学科领域遴选出的重点热点前沿进行深入分析和解读。因为分析数据基于 2013～2018 年的论文，核心论文平均出版年会介于 2013～2018 年。

每个领域的 10 个研究前沿中引用核心论文的论文（施引文献）的年度分布用气泡图的方式展示。基于 P 遴选的重点热点前沿用蓝色气泡表示，基于 CPT 指标遴选的重点热点前沿用红色气泡表示。气泡大小表示每年施引文献的数量，对于那些施引文献量大，而施引文献所发生的年数少的前沿，也就是 CPT 值的前两种情况，可以从图中直观地看出哪些是重点热点前沿。但是对于 P 较少的情况，则需要结合数据来看。大部分研究前沿的施引文献每年均有一定程度的增长，因此气泡图

也有助于对研究前沿发展态势的理解。

每个学科领域的第二张表对核心论文的国家、机构活跃状况进行了分析,揭示出哪些国家、机构在某重点热点前沿中有较大贡献。第三张表则对施引文献中的国家和机构进行了分析,探讨机构、国家在这些研究前沿的发展中的研究布局。

2)新兴前沿分析及重点新兴前沿的解读

新兴前沿的体量(核心论文及其施引文献)较小,因此,统计数据的分析意义不大。通过战略情报研究人员对重点新兴前沿的核心论文及相关信息进行内容方面的解读,可以了解重点新兴前沿的发展脉络、研究力量布局及发展前景。

第 2 章 农业、植物学和动物学

2.1 热点前沿及重点热点前沿解读

2.1.1 农业、植物学和动物学领域 Top10 热点前沿发展态势

农业、植物学和动物学领域 Top10 热点前沿主要分布在植物生理调控机制、作物性状改良、除草剂抗性、植物活性物质结构和功能、农田土壤污染修复、家畜胃肠道消化及农用无人机等研究方向上（表 2.1、图 2.1）。

植物生理调控机制一直是该领域的前沿研究方向，每年均有热点前沿，2019 年该方向上有 4 个热点前沿进入 Top10，分别是茉莉酸信号传导、自噬、细胞壁纤维素合成、光形态发生等调控机理研究，其中茉莉酸信号传导、自噬及细胞壁纤维素合成机理研究分别曾在 2013 年、2015 年和 2017 年是 Top10 热点前沿。作物性状改良方向曾有两年进入 Top10 热点前沿，2013 年是通过转 Bt 基因提高抗虫性，2018 年是利用 CRISPR/Cas9 基因编辑技术改良作物性状，2019 年则是利用植物生物刺激剂促进蔬果作物生长和提高抗逆性。除草剂抗性研究方向曾在 2015 年有 1 个热点前沿"除草剂抗性及其遗传学原因"进入 Top10，2019 年进入 Top10 的热点前沿是"草甘膦除草剂抗性研究"。

植物活性物质结构和功能、农田土壤污染修复、家畜胃肠道消化及农用无人机是 2019 年新出现的热点前沿研究方向，这 4 个方向上进入 Top10 的热点前沿分别是"植物活性多糖的结构和功能研究""生物炭对农田土壤重金属镉污染的修复作用""牛瘤胃微生物组与肠道甲烷排放研究""无人机系统在作物表型分析中的应用"。

表 2.1 农业、植物学和动物学领域 Top10 热点前沿

排名	热点前沿	核心论文/篇	被引频次	核心论文平均出版年
1	生物炭对农田土壤重金属镉污染的修复作用	21	1095	2016.6
2	植物自噬的分子调控机理研究	27	1038	2016.4
3	植物光形态发生的调控机制	32	1377	2016.3
4	植物活性多糖的结构和功能研究	25	931	2016.3
5	植物细胞壁中纤维素合成与结构研究及其与木聚糖的互作	19	1034	2015.9
6	植物生物刺激剂在促进蔬果作物生长和提高抗逆性中的作用	15	846	2015.9
7	调控植物生长和防御的茉莉酸信号传导机制	40	2956	2015.8
8	牛瘤胃微生物组与肠道甲烷排放研究	21	1464	2015.6
9	草甘膦除草剂抗性研究	17	1130	2015.5
10	无人机系统在作物表型分析中的应用	31	2495	2015.3

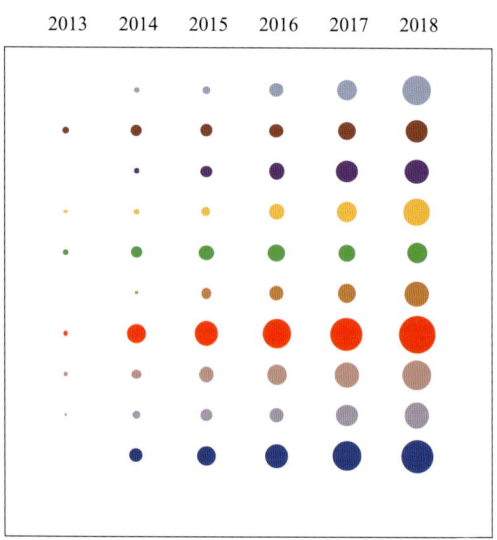

图 2.1 农业、植物学和动物学领域 Top10 热点前沿的施引论文发展态势

2.1.2 重点热点前沿——"调控植物生长和防御的茉莉酸信号传导机制"

茉莉酸是存在于植物体内的内源生长调节物质，也是植物在应对病虫侵害过程中产生的一类防卫激素，可以帮助植物应对病虫害，提高植物抗性。植物一般通过核心转录因子 MYC 启动并级联放大茉莉酸信号传导途径来防御病虫侵害，但防御过度则会抑制植物的生长和发育，故还需要了解茉莉酸信号的消减机制适时消减茉莉酸信号，以实现作物生长与防御之间的平衡。因此，研究茉莉酸调控植物生长和

抗性的机理是分子育种和抗虫新品种选育的重要基础，一直以来也都是植物学家和作物育种学家关注的热点研究前沿。

该前沿共有核心论文40篇，其中13篇是综述性文章，主要综述了茉莉酸的生物合成、代谢和信号传导，信号传导的冗余和特异性，传导中转录因子的作用和功能，茉莉酸在植物生长发育中的作用，对叶片衰老和耐冷性的调节作用，以及茉莉酸信号传导机制在权衡植物生长与防御中的应用等。其余27篇研究性论文主要是在探索和发现茉莉酸信号传导通路中的调控因子，如JAZ蛋白、bHLH类型转录因子等及其调控的结构基础和发挥的调节作用。

核心论文产出国家和机构的统计分析显示（表2.2），美国贡献了17篇核心论文，是最大的产出国，约占论文总数的42.5%；其次是中国，贡献了10篇，占比为25.0%。机构中，美国的密歇根州立大学贡献的核心论文数量最多，有8篇，占论文总数的20.0%。其余前10机构的核心论文数量在3~5篇，来自中国的机构有2个，分别是中国科学院和清华大学，其中中国科学院有5篇，与其他4个机构并列第2。

表2.2 "调控植物生长和防御的茉莉酸信号传导机制"研究前沿中核心论文的Top10产出国家和机构

排名	国家	核心论文/篇	比例/%	排名	机构	国家	核心论文/篇	比例/%
1	美国	17	42.5	1	密歇根州立大学	美国	8	20.0
2	中国	10	25.0	2	西班牙国家研究委员会	西班牙	5	12.5
3	英国	7	17.5	2	约翰·英尼斯中心	英国	5	12.5
4	德国	6	15.0	2	霍华休斯医学研究所	美国	5	12.5
5	法国	5	12.5	2	中国科学院	中国	5	12.5
5	西班牙	5	12.5	2	根特大学	比利时	5	12.5
5	比利时	5	12.5	7	卢瓦尔河大学	法国	4	10.0
8	加拿大	4	10.0	7	达芬奇大学	法国	4	10.0
8	瑞士	4	10.0	7	图尔大学	法国	4	10.0
10	荷兰	3	7.5	10	莱顿大学	荷兰	3	7.5
10	捷克	3	7.5	10	清华大学	中国	3	7.5
				10	加州大学伯克利分校	美国	3	7.5

从施引论文的产出国家和机构来看（表2.3），美国是最大的施引论文产出国，贡献了574篇，约占施引论文总数的28.6%；中国排第2，贡献了530篇，占比约为26.4%；德国排第3，但与前2名有较大差距，不到美国和中国的一半，为245篇。产出机构中，中国科学院以118篇施引论文远超其他机构；其次是德国的马普学会，有71篇。

表 2.3 "调控植物生长和防御的茉莉酸信号传导机制"研究前沿中施引论文的 Top 产出国家和机构

排名	国家	施引论文/篇	比例/%	排名	机构	国家	施引论文/篇	比例/%
1	美国	574	28.6	1	中国科学院	中国	118	5.9
2	中国	530	26.4	2	马普学会	德国	71	3.5
3	德国	245	12.2	3	哥本哈根大学	丹麦	57	2.8
4	英国	172	8.6	4	法国国家科学研究中心	法国	52	2.6
5	丹麦	105	5.2	4	西班牙国家研究委员会	西班牙	52	2.6
6	日本	94	4.7	6	丹麦科技大学	丹麦	50	2.5
7	荷兰	92	4.6	6	密歇根州立大学	美国	50	2.5
8	法国	87	4.3	6	约翰·英尼斯中心	英国	48	2.4
9	西班牙	84	4.2	9	根特大学	比利时	47	2.3
10	印度	81	4.0	9	加州大学伯克利分校	美国	47	2.3

2.1.3 重点热点前沿——"无人机系统在作物表型分析中的应用"

田间作物表型信息是作物品种特点、生长状况的直观表现,是反映作物产量和质量的关键因素,也是揭示作物生长发育规律及其与环境关系的重要依据。因此,快速精确获取大田作物的表型信息,监测作物的生长状况,对作物科学研究和作物品种选育具有重要意义。然而,目前多采用的传统田间试验取样和车载高通量平台测定作物性状参数的方法耗时耗力,且空间覆盖不全,因此极大地限制了作物科学研究的快速发展和作物育种的进程。而以无人机为代表的近地遥感高通量表型平台凭借机动灵活、成本低、空间覆盖广的优势成为获取田间作物表型信息的重要手段。

该前沿共有核心论文 31 篇,其中 12 篇是综述性文章,主要综述了用于作物表型分析的无人机遥感的现状与展望,用于林业研究和实践的无人机遥感,用于作物表型分析的低空、高分辨率航空成像系统等。19 篇研究性论文主要是利用基于无人机的成像技术对田间作物或林木进行航空拍照,然后通过与其他方法相结合(如 3D 照片重建)来估算作物或林木的表型。应用场景主要有大麦生物量的估算、植株高度的多时相估计、小麦育种苗圃的高通量表型分析、单株树木的检测和分类、田间玉米的表型分析、小麦作物密度的估计、追踪作物季节性发育潜力的时间序列等。

核心论文产出国家和机构的统计分析显示(表 2.4),美国是最大的产出国,有 11 篇,占论文总数的 35.5%;其次是德国,有 6 篇;中国名列第 3,有 5 篇。机构中,美国农业部最多,有 5 篇,约占论文总数的 16.1%;德国的科隆大学排第 2,有 4 篇。此外,来自中国的中国农业大学有 2 篇,与其他 5 个机构并列第 6。

表 2.4 "无人机系统在作物表型分析中的应用"研究前沿中核心论文的 Top 产出国家和机构

排名	国家	核心论文/篇	比例/%	排名	机构	国家	核心论文/篇	比例/%
1	美国	11	35.5	1	美国农业部	美国	5	16.1
2	德国	6	19.4	2	科隆大学	德国	4	12.9
3	中国	5	16.1	3	亥姆霍兹联合会	德国	3	9.7
4	西班牙	4	12.9	3	西班牙国家研究委员会	西班牙	3	9.7
5	瑞士	3	9.7	3	苏黎世联邦理工学院	瑞士	3	9.7
6	澳大利亚	2	6.5	6	墨尔本皇家理工大学	澳大利亚	2	6.5
6	比利时	2	6.5	6	中国农业大学	中国	2	6.5
6	英国	2	6.5	6	巴塞罗那大学	西班牙	2	6.5
6	津巴布韦	2	6.5	6	圣地亚哥·德·孔波斯特拉大学	西班牙	2	6.5
6	芬兰	2	6.5	6	康奈尔大学	美国	2	6.5
6	法国	2	6.5	6	华盛顿州立大学	美国	2	6.5
6	意大利	2	6.5					

从施引论文的产出国家和机构来看（表 2.5），美国不仅是最大的核心论文产出国，还是施引论文最多的产出国，有 399 篇，约占施引论文总数的 28.2%；其次是德国，与其核心论文数量排名一样，都是第 2 位，有 197 篇；中国排第 3，有 187 篇。机构中，美国农业部以 90 篇施引论文排第 1；法国国家农业科学研究院有 56 篇，排第 2；德国的亥姆霍兹联合会有 54 篇，排第 3；西班牙国家研究委员会和中国科学院分别以 34 篇和 33 篇，排第 4 和第 5。

表 2.5 "无人机系统在作物表型分析中的应用"研究前沿中施引论文的 Top10 产出国家和机构

排名	国家	施引论文/篇	比例/%	排名	机构	国家	施引论文/篇	比例/%
1	美国	399	28.2	1	美国农业部	美国	90	6.4
2	德国	197	13.9	2	法国国家农业科学研究院	法国	56	4.0
3	中国	187	13.2	3	亥姆霍兹联合会	德国	54	3.8
4	澳大利亚	121	8.5	4	西班牙国家研究委员会	西班牙	34	2.4
5	英国	113	8.0	5	中国科学院	中国	33	2.3
6	西班牙	112	7.9	6	联邦科学与工业研究组织	澳大利亚	30	2.1
7	法国	88	6.2	7	波恩大学	德国	28	2.0
8	意大利	86	6.1	7	瓦格宁根大学暨研究中心	荷兰	28	2.0
9	加拿大	81	5.7	9	瑞典农业科学大学	瑞典	27	1.9

续表

排名	国家	施引论文/篇	比例/%	排名	机构	国家	施引论文/篇	比例/%
10	芬兰	48	3.4	10	法国国家科学研究中心	法国	26	1.8
10	荷兰	48	3.4	10	康奈尔大学	美国	26	1.8
10	瑞士	48	3.4					

2.2 新兴前沿及重点新兴前沿解读

2.2.1 新兴前沿概述

农业、植物学和动物学领域有 1 个方向入选新兴前沿,即"水稻 OsAUX1 基因低磷条件下促进根毛伸长的机理研究"(表 2.6)。

表 2.6 农业、植物学和动物学领域的 1 个新兴前沿

序号	新兴前沿	核心论文/篇	被引频次	核心论文平均出版年
1	水稻 OsAUX1 基因低磷条件下促进根毛伸长的机理研究	4	47	2017.8

2.2.2 重点新兴前沿——"水稻 OsAUX1 基因低磷条件下促进根毛伸长的机理研究"

农田土壤中营养元素的高效利用一直是农业领域关注的重要研究课题,而根的一些性状,如根角度和根毛长度会影响作物对土壤中营养元素的摄取,尤其是一些固定在土壤中的营养元素,如磷元素。其中根毛长度会受到生长素浓度的影响,生长素浓度梯度的维持又依赖于极性运输。OsAUX1 基因正是目前发现的重要的水稻生长素运输基因,在低磷条件下能够运送生长素,促进根毛伸长。因此"水稻 OsAUX1 基因低磷条件下促进根毛伸长的机理研究"成为一个重点新兴前沿。

该新兴前沿有 4 篇核心论文,其中 3 篇均于 2018 年发表在《自然-通讯》上,另 1 篇于 2017 年发表在《美国国家科学院院刊》上。这些论文研究发现:OsAUX1 蛋白会在低磷条件下将生长素从根尖部位移动到根的分生区,进而促进根毛伸长,促进根对磷元素的吸收;生长素合成、转运和应答途径中的相关组分,如低磷条件下生长素诱导根毛表达的若干转录因子,在根毛生长中发挥关键促进作用;低磷条件下,生长素促进根毛伸长的信号传导途径与活性氧(ROS)介导的根毛伸长之间在分子水平上具有关联性。

第 3 章 生态与环境科学

3.1 热点前沿及重点热点前沿解读

3.1.1 生态与环境科学领域 Top10 热点前沿发展态势

生态与环境科学领域 Top10 热点前沿主要分布在生态科学和环境科学两个子领域（表 3.1 和图 3.1），水体生态环境问题及多学科解决方案仍是研究前沿重要的关注点。

具体来看，环境科学子领域的热点前沿主要涉及利用微生物的污水处理技术、水中污染物分析分离技术和环境污染物的环境特征与风险研究。其中，污水处理技术相关的前沿包括"活性污泥消化技术的机理、工艺与影响因素""厌氧氨氧化技术及在污水处理中的应用"及消化过程中"微生物种间电子转移的机理及应用"。水中污染物分析分离技术包括"利用纳米复合材料吸附去除水中有毒金属离子"、"金属有机框架材料去除水中污染物""用于液体中有毒物质及生物活性物质分析、分离的新型材料的制备与功能"。环境污染物的环境特征与风险研究方向的前沿为"内分泌干扰物的环境特征、人体暴露与健康风险"。

生态科学子领域的热点前沿主要涉及宏观大尺度的生物圈和生态系统的变化与风险，包括 3 个前沿："地表植被覆盖变化对气候的影响""在全球尺度上对外来物种入侵的监测及影响分析""磷排放及蓝藻水华的污染和健康风险"。

表 3.1 生态与环境科学领域 Top10 热点前沿

排名	热点前沿	核心论文 / 篇	被引频次	核心论文平均出版年
1	活性污泥消化技术的机理、工艺与影响因素	29	1294	2016.7
2	利用纳米复合材料吸附去除水中有毒金属离子	38	1924	2016.1
3	用于液体中有毒物质及生物活性物质分析、分离的新型材料的制备与功能	44	4562	2016

续表

排名	热点前沿	核心论文/篇	被引频次	核心论文平均出版年
4	金属有机框架材料去除水中污染物	23	1884	2016
5	地表植被覆盖变化对气候的影响	11	751	2016
6	在全球尺度上对外来物种入侵的监测及影响分析	41	3434	2015.9
7	微生物种间电子转移的机理及应用	18	1321	2015.9
8	厌氧氨氧化技术及在污水处理中的应用	16	1214	2015.9
9	内分泌干扰物的环境特征、人体暴露与健康风险	44	3043	2015.5
10	磷排放及蓝藻水华的污染和健康风险	38	2945	2015.5

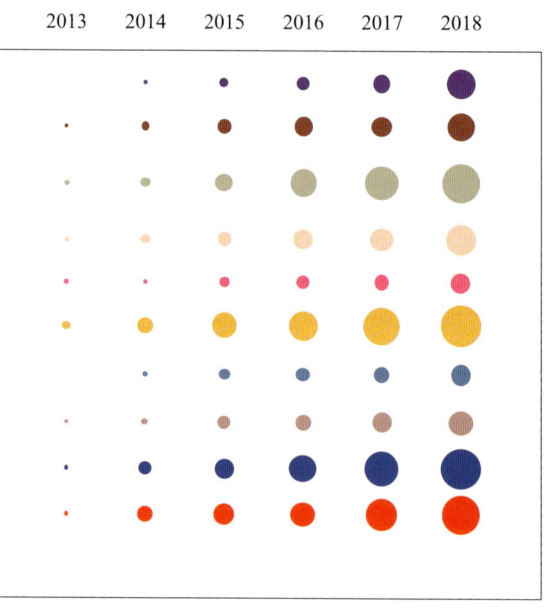

图 3.1 生态与环境科学领域 Top10 热点前沿的施引论文发展态势

3.1.2 重点热点前沿——"内分泌干扰物的环境特征、人体暴露与健康风险"

内分泌干扰物（endocrine disrupter）又称环境雌激素，是指可干扰人类或动物体内激素的合成、分泌、输送、结合、反应和代谢过程，给生物体带来异常影响的一种外源性化学物质。这类物质会影响人类或动物的生殖能力，危害其发育或健康，即使具有极低的含量，也能使生物体的内分泌失衡，从而产生异常影响。内分泌干扰物主要通过工业排放、农业排污以及废物燃烧和排放进入环境。人类和动物可能通过摄入食物、灰尘和水，吸入空气中的气体和颗粒物以及皮肤接触而发生污染物的暴露。内分泌干扰物也可以通过胎盘和母乳从孕妇和哺乳期妇女体内转移到发育中的胎儿或婴幼儿体内。主要的内分泌干扰物包括杀虫剂与除草剂等农药、双酚A类与烷基苯酚类化合物、邻苯二甲酸盐类溴化阻燃剂及二噁英类等物质。内分泌干扰物的研究主要涉及环境学和生物学两大领域。在环境学领域，内分泌干扰物的研究主要集中在其来源、环境分布、主要环境过程与风险研究。在生物学领域，其研究主要集中在生态毒理学研究、对内分泌系统的作用机制、对疾病和健康的影响等方面。

该热点前沿的核心论文有44篇，集中在3个方向：水体与土壤中内分泌干扰物的来源、环境归趋、污染特征及生态毒理学；大规模人群样本中内分泌干扰物的人体暴露监测及跟踪；内分泌干扰物对人类或动物健康和发育的影响。其中，关注的内分泌干扰物集中于增塑剂邻苯二甲酸盐类和在全球农业、环境和化工行业引起广泛争议的草甘膦除草剂。内分泌干扰物对孕妇、哺乳期妇女、胎儿及婴幼儿发育障碍与疾病的风险研究，儿童与母婴体内内分泌干扰物暴露的监测是研究的热点。核心论文中，美国Benbrook咨询公司的"美国和全球草甘膦除草剂的使用趋势"是被引频次最高的一篇论文，被引频次为204次。

核心论文产出国家和机构的统计分析显示（表3.2），44篇核心论文中25篇来自美国，占论文总数的56.8%。德国有8篇核心论文，列第2位。加拿大与法国各有6篇核心论文，并列第3位。中国、瑞典和英国分别贡献了4篇核心论文，并列第6位。核心论文的主要产出机构也来自美国、加拿大、德国和英国。其中，美国西奈山伊坎医学院、美国卫生部下属的国立卫生研究院和疾病预防控制中心、马萨诸塞大学阿默斯特分校等机构的核心论文数都排在前列。美国以最多的核心论文和最多的重要机构主导了该前沿的研究。

表3.2 "内分泌干扰物的环境特征、人体暴露与健康风险"研究前沿中核心论文的Top产出国家和机构

排名	国家	核心论文/篇	比例/%	排名	机构	国家	核心论文/篇	比例/%
1	美国	25	56.8	1	西奈山伊坎医学院	美国	5	11.4
2	德国	8	18.2	2	英属哥伦比亚大学	加拿大	4	9.1
3	加拿大	6	13.6	2	波鸿鲁尔大学	德国	4	9.1
3	法国	6	13.6	2	美国国立卫生研究院	美国	4	9.1
5	丹麦	5	11.4	2	马萨诸塞大学阿默斯特分校	美国	4	9.1
6	中国	4	9.1	2	美国疾病预防控制中心	美国	4	9.1
6	瑞典	4	9.1	7	伦敦大学国王学院	英国	3	6.8
6	英国	4	9.1	7	Benbrook咨询公司	美国	3	6.8
9	挪威	2	4.5	7	布朗大学	美国	3	6.8
9	韩国	2	4.5	7	密歇根大学	美国	3	6.8
9	西班牙	2	4.5	7	明尼苏达大学	美国	3	6.8

从施引论文的产出国家和机构来看（表3.3），美国是施引论文的最主要产出国，贡献了872篇论文，占施引论文总数的39.3%；中国贡献了353篇施引论文，占15.9%，排第2位；西班牙有160篇施引论文，占7.2%。施引论文的10家Top产出机构中，美国占6家，排在前3位的都是美国机构，包括美国疾病预防控制中心（109篇）、哈佛大学（107篇）和美国国立卫生研究院（78篇）。我国核心论文数排第6位，但施引论文数排第2位，显示出我国在该前沿积极追赶的态势。

表3.3 "内分泌干扰物的环境特征、人体暴露与健康风险"研究前沿中施引论文Top10产出国家和机构

排名	国家	施引论文/篇	比例/%	排名	机构	国家	施引论文/篇	比例/%
1	美国	872	39.3	1	美国疾病预防控制中心	美国	109	4.9
2	中国	353	15.9	2	哈佛大学	美国	107	4.8
3	西班牙	160	7.2	3	美国国立卫生研究院	美国	78	3.5
4	德国	137	6.2	4	密歇根大学	美国	69	3.1
5	法国	130	5.9	5	法国国家健康与医学研究所	法国	66	3.0
6	加拿大	127	5.7	5	西奈山伊坎医学院	美国	66	3.0
7	英国	112	5.0	7	哥本哈根大学	丹麦	59	2.7
8	丹麦	101	4.6	8	CIBER公司	西班牙	57	2.6
9	韩国	87	3.9	9	中国科学院	中国	56	2.5
10	意大利	81	3.7	10	纽约州立大学奥尔巴尼分校	美国	50	2.3

3.1.3 重点热点前沿——"磷排放及蓝藻水华的污染和健康风险"

水华是淡水水体中藻类大量繁殖的一种自然生态现象，是水体富营养化的一种特征。生活及工农业生产排放的大量含磷、氮的废污水进入水体后，在特殊环境和气象条件下可导致蓝藻的爆发性生长，形成蓝藻水华，使水体呈蓝色或绿色。蓝藻水华产生的毒素可危害饮用水安全和水生动植物安全，导致严重的生态灾害，并带来严重的健康风险和经济损失，是目前全世界关注的重大生态环境问题之一。主要的蓝藻种类包括微囊藻、鱼腥藻和束丝藻等。蓝藻水华的研究方向主要涉及其发生机理与成因、生态与健康风险、监控预警技术、控制策略与方法等。

该热点前沿的核心论文有38篇，主要集中在4个方向：①全球或区域性的营养物质负荷及其他因素对蓝藻水华爆发的影响，特别是磷元素的生产、消费、输送、储存、环境循环及影响。②不同蓝藻菌种的物种多样性、生长代谢、遗传及毒素产生等生态学研究，特别是对微囊藻的生态学研究。③有毒蓝藻的健康风险研究，特别是微囊藻毒素的毒理学、流行病学及检测研究。④以控制磷为重点、针对具体区域如伊利湖的蓝藻水华综合控制策

略研究。

核心论文产出国家和机构的统计分析显示（表3.4），美国是最重要的核心论文产出国，有29篇核心论文，占论文总数的76.3%。中国和英国各有8篇核心论文，占论文总数的21.1%，并列第2位。核心论文的主要产出机构也来自美国，12家Top机构中，10家来自美国。美国海德堡大学和阿肯色大学的核心论文分别有8篇和7篇，排第1和2位。中国科学院、英国自然环境研究理事会和另外4家美国机构并列第7名。

表3.4 "磷排放及蓝藻水华的污染和健康风险"研究前沿中核心论文的Top产出国家和机构

排名	国家	核心论文/篇	比例/%	排名	机构	国家	核心论文/篇	比例/%
1	美国	29	76.3	1	海德堡大学	美国	8	21.1
2	英国	8	21.1	2	阿肯色大学	美国	7	18.4
2	中国	8	21.1	3	俄亥俄州立大学	美国	6	15.8
4	加拿大	7	18.4	3	北卡罗来纳大学教堂山分校	美国	6	15.8
5	澳大利亚	4	10.5	5	俄勒冈州立大学	美国	5	13.2
5	荷兰	4	10.5	5	美国国家海洋和大气管理局	美国	5	13.2
7	新西兰	2	5.3	7	中国科学院	中国	4	10.5
7	奥地利	2	5.3	7	英国自然环境研究理事会	英国	4	10.5
				7	卡内基科学研究所	美国	4	10.5
				7	田纳西大学	美国	4	10.5
				7	怀特州立大学	美国	4	10.5
				7	美国农业部	美国	4	10.5

从施引论文的产出国家和机构来看（表3.5），美国贡献了879篇施引论文，仍是施引论文的最大产出国，其施引论文占论文总数的43.1%；中国学者参与了419篇施引论文，占20.5%，排第2位；加拿大有257篇施引论文，占12.6%，排第3位。施引论文产出机构中，除了排名第1的中国科学院（151篇）和排名第8的英国自然环境研究理事会（54篇），其他8所机构均来自美国。其中，美国农业部和俄亥俄州立大学的论文数分别为108篇和81篇，排第2和3位。数据显示，美国在该前沿的研究中发挥主导作用，中国呈追赶态势。

表3.5 "磷排放及蓝藻水华的污染和健康风险"研究前沿中施引论文的Top产出国家和机构

排名	国家	施引论文/篇	比例/%	排名	机构	国家	施引论文/篇	比例/%
1	美国	879	43.1	1	中国科学院	中国	151	7.4
2	中国	419	20.5	2	美国农业部	美国	108	5.3
3	加拿大	257	12.6	3	俄亥俄州立大学	美国	81	4.0

续表

排名	国家	施引论文/篇	比例/%	排名	机构	国家	施引论文/篇	比例/%
4	英国	152	7.5	4	密歇根大学	美国	74	3.6
5	德国	111	5.4	5	美国地质调查局	美国	71	3.5
6	澳大利亚	89	4.4	6	美国国家海洋和大气管理局	美国	68	3.3
7	巴西	87	4.3	7	明尼苏达大学	美国	64	3.1
8	荷兰	77	3.8	8	英国自然环境研究理事会	英国	54	2.6
9	法国	69	3.4	9	密歇根州立大学	美国	46	2.3
9	波兰	69	3.4	10	美国环保局	美国	44	2.2

3.2 新兴前沿及重点新兴前沿解读

新兴前沿,即"环境污染物对肠道微生物菌群的影响"(表3.6)。

3.2.1 新兴前沿概述

生态与环境科学领域有1个方向入选

表3.6 生态与环境科学领域的1个新兴前沿

序号	新兴前沿	核心论文/篇	被引频次	核心论文平均出版年
1	环境污染物对肠道微生物菌群的影响	5	81	2017.6

3.2.2 重点新兴前沿——"环境污染物对肠道微生物菌群的影响"

人体和动物肠道中存在着种类繁多和数量庞大的微生物菌群。肠道微生物菌群已被证实对人类和动物的生理健康非常重要。它们参与许多生理功能的调节,如消化食物、合成维生素和氨基酸,在能量代谢和储存、免疫系统调节、生长和神经发育中发挥着非常重要的作用。许多疾病的发生与肠道微生物菌群组成的改变相关。肠道微生物菌群已经成为近年最热门的研究领域之一。

肠道微生物菌群对药物、饮食甚至环境污染物都非常敏感。近期的科学研究发现,环境污染物可以通过各种途径进入人体或动物体内并与肠道微生物菌群相互作用。暴露于不同种类的环境污染物会改变肠道微生物菌群的组成,导致能量代谢紊乱,影响营养吸收和免疫系统的功能,对人体和动物健康产生多种潜在的不利影响,甚至导致中毒。

该新兴研究前沿的主要内容为研究常见农药(如除草剂阿特拉津、杀菌剂抑霉唑等)对模式生物小鼠和斑马鱼肠道微生物菌群的改变及其对生物体代谢、免疫等功能的影响。

第 4 章 地球科学

4.1 热点前沿及重点热点前沿解读

4.1.1 地球科学领域 Top10 热点前沿发展态势

地球科学领域 Top10 热点前沿中 6 个属于固体地球物理学和地质学相关研究，包括："磁层多尺度任务科学研究进展""人工神经网络在预测太阳辐射中的应用""大型地震复杂破裂过程及走滑机制研究""地下流体注入诱发美国多地地震机理研究""利用好奇号开展盖尔陨石坑的岩石矿物学研究""欧洲和中东地区地震数据库与地面运动模型"。3 个热点前沿与气候变化有关，包括："利用 CESM 和 RCP8.5 情景研究全球气候变化""利用热带降雨测量任务和全球降水测量任务开展全球多地区降水分析""元古代时期大气和海洋的氧化作用"。还有 1 个地球化学研究热点："中国主要城市表层土壤重金属污染来源与风险评估"（见表 4.1、图 4.1）。

表 4.1 地球科学领域 Top10 热点前沿

排名	热点前沿	核心论文/篇	被引频次	核心论文平均出版年
1	利用 CESM 和 RCP8.5 情景研究全球气候变化	8	1212	2016.5
2	磁层多尺度任务科学研究进展	11	1337	2016.3
3	利用热带降雨测量任务和全球降水测量任务开展全球多地区降水分析	21	1261	2016.3
4	人工神经网络在预测太阳辐射中的应用	25	1216	2016
5	大型地震复杂破裂过程及走滑机制研究	49	2959	2015.9
6	地下流体注入诱发美国多地地震机理研究	26	2290	2015.8
7	中国主要城市表层土壤重金属污染来源与风险评估	34	2846	2015.7

续表

排名	热点前沿	核心论文/篇	被引频次	核心论文平均出版年
8	利用好奇号开展盖尔陨石坑的岩石矿物学研究	23	1925	2015.7
9	元古代时期大气和海洋的氧化作用	29	2601	2015.6
10	欧洲和中东地区地震数据库与地面运动模型	16	1481	2015.5

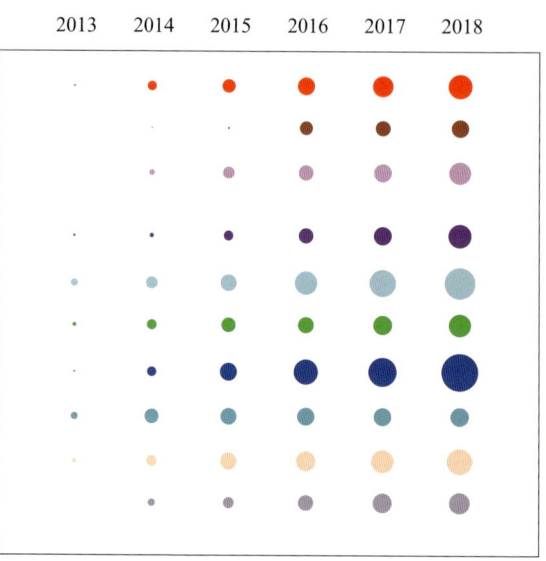

图 4.1　地球科学领域 Top10 热点前沿的施引论文发展态势

4.1.2　重点热点前沿 ——"利用 CESM 和 RCP8.5 情景研究全球气候变化"

气候变化是近年受到全球各界普遍关注的热点科研主题和重大政治议题。地球系统模式为理解过去气候与环境演变机理、预估未来潜在全球变化情境提供了重要的科学量化工具。作为目前世界上功能最先进、使用最广泛的新一代地球系统模式之一,通用地球系统模式(CESM)由大气、海洋、陆地、海冰、陆冰等几大模块组成,同时考虑大气化学、生物地球化学和人文过程,具有良好的灵活性和可扩展性,在多时空尺度的各种地球系统相互作用研究中发挥了重要作用。

在模式计算中,排放情景的设定及相应的全球和各地区的温室气体排放数据至关重要。为了协调不同科研机构和团队的相关研究工作,强化排放情景对政府应对气候变化的参考作用,并在更大范围内研究潜在气候变化和不确定性,联合国政府间气候变化专门委员会(IPCC)第五次评估报告提出了以稳定浓度为特征的新情景,包括 4 个代表性浓度路径

（RCP）：高端路径（RCP8.5）、中间稳定路径（RCP6.0和RCP4.5）以及低端理想路径（RCP2.6）。4个RCP情景纳入了气候政策对温室气体和气溶胶排放的影响，优化了生物物理及海陆气交换过程，因此在科学方法上优势明显，其中RCP8.5响应最明显，在气候模式、影响、适应和减缓等各种预测和评估中研究应用最广泛。

热点前沿"利用CESM和RCP8.5情景研究全球气候变化"的核心论文主要利用CESM在RCP8.5和RCP4.5情景下评估未来气候变化情况及其影响，包括气候系统内部变率和外部强迫、温室气体和气溶胶的影响，未来北美气候、极热天气、寒潮、全球干旱等。美加联合研究团队发表的"The Community Earth System Model：A Framework for Collaborative Research"一文被引频次最高，达581次，重点描述了CESM及其各种可能的配置，特别是主要科研能力，为有关气候与环境的演变机理、自然和人类与气候变化的相互作用以及气候变化趋势的深入研究和科学预测等奠定了坚实的基础。

美国、加拿大、中国和澳大利亚参与了构成该热点前沿的8篇核心论文的研究工作。美国贡献最突出，15所核心论文研究机构中有11所美国机构（表4.2），CESM的研制和发布单位——美国国家大气研究中心（NCAR）主导了其中7篇核心论文（含1篇与兰州大学共同主导，即共同通讯作者机构）的研究，并参与了由科罗拉多大学（博尔德）主导的另外1篇核心论文研究。

加拿大核心论文来自多伦多大学和卡尔加里大学。中国兰州大学与美国国家大气研究中心合作研究了利用CESM基于不同的温室气体和气溶胶情景预测21世纪全球干旱的不确定性。澳大利亚气象局亦参与1篇核心论文研究。

表4.2 "利用CESM和RCP8.5情景研究全球气候变化"研究前沿中核心论文的Top产出国家和机构

排名	国家	核心论文/篇	比例/%	排名	机构	国家	核心论文/篇	比例/%
1	美国	8	100.0	1	美国国家大气研究中心	美国	8	100.0
2	加拿大	2	25.0	2	美国能源部	美国	2	25.0
3	中国	1	12.5	2	多伦多大学	加拿大	2	25.0
3	澳大利亚	1	12.5	4	兰州大学	中国	1	12.5
				4	科罗拉多大学（博尔德）	美国	1	12.5
				4	哥伦比亚大学	美国	1	12.5
				4	康奈尔大学	美国	1	12.5
				4	美国国家海洋与大气管理局	美国	1	12.5
				4	加州大学伯克利分校	美国	1	12.5
				4	明尼苏达大学	美国	1	12.5
				4	华盛顿大学西雅图分校	美国	1	12.5

续表

排名	国家	核心论文/篇	比例/%	排名	机构	国家	核心论文/篇	比例/%
				4	威斯康星大学麦迪逊分校	美国	1	12.5
				4	澳大利亚气象局	澳大利亚	1	12.5
				4	卡尔加里大学	加拿大	1	12.5
				4	科罗拉多州立大学	美国	1	12.5

从表4.3可以看出，美国的施引论文最多，达776篇，占全部施引论文的77.3%。中国的施引论文位列第2，占16.6%。英国、德国、法国、加拿大、瑞士等紧随其后。施引论文数量Top10机构中，有8所来自美国，其中美国国家大气研究中心表现最突出，一直引领该研究前沿的探索。美国能源部和科罗拉多大学（博尔德）分别位列第2和第3。

表4.3 "利用CESM和RCP8.5情景研究全球气候变化"
研究前沿中施引论文的Top10产出国家和机构

排名	国家	施引论文/篇	比例/%	排名	机构	国家	施引论文/篇	比例/%
1	美国	776	77.3	1	美国国家大气研究中心	美国	300	29.9
2	中国	167	16.6	2	美国能源部	美国	148	14.7
3	英国	118	11.8	3	科罗拉多大学（博尔德）	美国	130	12.9
4	德国	82	8.2	4	美国国家海洋与大气管理局	美国	96	9.6
5	法国	70	7.0	5	中国科学院	中国	90	9.0
6	加拿大	69	6.9	6	美国国家航空航天局	美国	71	7.1
7	瑞士	68	6.8	7	华盛顿大学西雅图分校	美国	64	6.4
8	澳大利亚	46	4.6	8	哥伦比亚大学	美国	59	5.9
9	挪威	37	3.7	9	法国国家科学研究中心	法国	58	5.8
10	荷兰	33	3.3	10	普林斯顿大学	美国	52	5.2

4.1.3 重点热点前沿——"中国主要城市表层土壤重金属污染来源与风险评估"

长期以来，城市往往是人类活动最为集中的地方，人类的工业生产和生活消费会向环境排放重金属物质，从而对城市环境造成强烈的干扰。城市土壤作为重金属存在的重要媒介，既能净化、容纳一定量的重金属，也能向地下水、大气环境中排放重金属，造成二次污染。因此，研究土壤的污染状况及存在的潜在风险对生态安全和人体健康具有重要意义。

热点前沿"中国主要城市表层土壤重金属污染来源与风险评估"的34篇核心

论文主要集中在对中国东北、华北、华东、西北、西南等地区的城市土壤重金属来源识别和空间分布研究,以及生态风险和健康风险评估,可为中国城市发展提供借鉴,为治理和防治重金属污染提供对策和建议。

从核心论文的产出国家和产出机构的分析中可以看出(表4.4),中国在该前沿领域占据绝对优势,贡献了26篇论文。从核心论文的产出机构看,北京师范大学发表了7篇核心论文,位列第1。中国科学院、湖南大学和浙江大学紧随其后,均贡献了4篇核心论文。来自南京大学污染控制与资源化研究国家重点实验室的研究团队发表的"A Review of Soil Heavy Metal Pollution from Mines in China: Pollution and Health Risk Assessment"一文被引频次最高,达519次。该文基于2005~2012年中国矿区重金属土壤污染数据,评估矿山土壤污染情况,量化这些污染对人类健康造成的风险,并根据评估结果确定了需要优先管控的重金属元素、矿山类型和省份,受到科学界的极大关注。

表4.4 "中国主要城市表层土壤重金属污染来源与风险评估"研究前沿中核心论文的 Top 产出国家和机构

排名	国家	核心论文/篇	比例/%	排名	机构	国家	核心论文/篇	比例/%
1	中国	26	76.5	1	北京师范大学	中国	7	20.6
2	美国	4	11.8	2	中国科学院	中国	4	11.8
3	西班牙	2	5.9	2	湖南大学	中国	4	11.8
3	哥伦比亚	2	5.9	2	浙江大学	中国	4	11.8
3	印度	2	5.9	5	设拉子大学	伊朗	2	5.9
3	伊朗	2	5.9	5	南京大学	中国	2	5.9
7	日本	1	2.9	5	西北农林科技大学	中国	2	5.9
7	摩洛哥	1	2.9	5	中国环境监测总站	中国	2	5.9
7	荷兰	1	2.9	5	香港科技大学	中国	2	5.9
7	巴基斯坦	1	2.9					
7	波兰	1	2.9					
7	韩国	1	2.9					
7	法国	1	2.9					
7	希腊	1	2.9					
7	孟加拉国	1	2.9					
7	加拿大	1	2.9					

从施引论文角度来看(表4.5),由于该研究重点关注中国特定地区,因此中国贡献了大部分施引论文,达1208篇,占全部施引论文的60.3%。美国的施引论文

虽然位列第2，但所占比例仅为7.2%。施引论文Top机构中有9所中国机构，其中中国科学院表现最为突出，位列第1。北京师范大学和湖南大学分别位列第2和第3。

表4.5 "中国主要城市表层土壤重金属污染来源与风险评估"研究前沿中施引论文的Top产出国家和机构

排名	国家	施引论文/篇	比例/%	排名	机构	国家	施引论文/篇	比例/%
1	中国	1208	60.3	1	中国科学院	中国	262	13.1
2	美国	145	7.2	2	北京师范大学	中国	73	3.6
3	印度	92	4.6	3	湖南大学	中国	57	2.8
4	伊朗	87	4.3	4	南京大学	中国	47	2.3
5	巴基斯坦	71	3.5	5	浙江大学	中国	40	2.0
6	澳大利亚	61	3.0	6	中国地质大学	中国	38	1.9
7	西班牙	51	2.5	7	中南大学	中国	29	1.4
8	巴西	48	2.4	7	西北农林科技大学	中国	29	1.4
9	意大利	45	2.2	9	中国农业科学院	中国	26	1.3
10	德国	43	2.1	9	法国国家科学研究中心	法国	26	1.3

4.2 新兴前沿及重点新兴前沿解读

4.2.1 新兴前沿概述

地球科学领域有1项研究入选新兴前沿，即"热损伤对岩石力学特性的影响研究"（表4.6）。

表4.6 地球科学领域的1个新兴前沿

序号	新兴前沿	核心论文/篇	被引频次	核心论文平均出版年
1	热损伤对岩石力学特性的影响研究	9	180	2017.6

4.2.2 重点新兴前沿——"热损伤对岩石力学特性的影响研究"

温度是影响岩石力学特性的重要因素之一。在高温核废料处理、地热资源开发与利用、煤与油页岩现场气化及热能传输、岩石地下工程灾后重建及大都市圈的大深度地下空间开发等工程中，岩石可能经历加热和冷却，其细观结构和矿物成分将发生变化，导致岩石的强度及变形特性也随之发生变化，影响工程的安全稳定性。相关力学参数是岩石地下工程开挖、支护设计、围岩稳定性分析不可或缺的基本依据，研究热损伤对岩石力学特性的影响可为地下掩体工程长期安全性评估提供佐证。

2019年度地球科学领域新兴前沿"热损伤对岩石力学特性的影响研究"中的核心论文聚焦在不同温度条件下岩石的破坏试验、不同尺寸的岩石热损伤力学特性和细观力学分析、高温后岩石裂纹扩展试验等方向。中国在该前沿占有绝对优势地位，参与了全部9篇核心论文的产出工作，并与美国和澳大利亚进行了合作。中国矿业大学表现尤其突出，贡献了6篇核心论文，施引论文数位列第1。

第5章 临床医学

5.1 热点前沿及重点热点前沿解读

5.1.1 临床医学领域Top10热点前沿发展态势

临床医学领域Top10热点前沿主要集中于慢病管理及新技术应用、疾病新机制发现、影像诊断新技术与安全性、肿瘤免疫疗法、生物技术药临床应用5个前沿群。"慢病管理及新技术应用"前沿群重点关注高血压降压治疗目标值与心血管事件风险关系、人工胰腺应用于1型糖尿病治疗、药物基因组学技术指导PCI术后抗血小板药物选择以及成年人支气管扩张症临床治疗研究;"疾病新机制发现"前沿群包括长链非编码RNA PV1在肿瘤中的功能和作用机制、周细胞在阿尔茨海默病中的作用2个热点前沿;"影像诊断新技术与安全性"前沿群包含基于PET的Tau蛋白成像技术应用于阿尔茨海默病等神经退行性疾病研究以及磁共振含钆造影剂脑部沉淀危害研究;"肿瘤免疫疗法""生物技术药临床应用"则分别包含PD-1/L1抗体药肿瘤免疫治疗不良反应、英利昔单抗生物类似药临床疗效和安全性热点前沿。

与往年相比,2019年临床医学Top10热点前沿体现出较明显的持续性,其中,英利昔单抗生物类似药临床应用、神经退行性疾病Tau蛋白示踪剂成像、人工胰腺治疗糖尿病、高血压降压目标与风险、含钆造影剂脑沉积5个热点前沿与2018年热点前沿相同或相近,而两个与肿瘤相关的热点前沿(长链非编码RNA PV1在肿瘤中作用、PD-1/L1肿瘤免疫治疗副作用)则分别与2018年度(长链非编码RNA与肿瘤进展及预后关系)、2017年度(抗PD-1药肿瘤免疫治疗产生免疫相关不良反应)新兴前沿具有较大的延续性(表5.1、图5.1)。

27

表 5.1 临床医学领域 Top10 热点前沿

排名	热点前沿	核心论文/篇	被引频次	核心论文平均出版年
1	英利昔单抗生物类似药有效性和安全性	30	1808	2016.7
2	长链非编码 RNA PV1 在肿瘤中的功能和作用机制	23	1447	2016.5
3	PD-1/L1 抗体肿瘤免疫治疗不良反应	19	1467	2016.4
4	药物基因组指导 PCI 术后抗血小板治疗	16	1537	2016.3
5	Tau 蛋白示踪剂在神经退行性疾病 PET 中的结合特性	37	3298	2016.2
6	连续血糖监测与人工胰腺系统用于糖尿病管理	31	2240	2016.2
7	高血压降压治疗后的血压与心血管事件转归	25	4525	2016
8	含钆造影剂磁共振检查后脑部钆沉积	31	3161	2015.9
9	中枢神经系统周细胞功能障碍在阿尔茨海默病中的作用	14	1751	2015.8
10	支气管扩张症临床特点与治疗	23	1717	2015.8

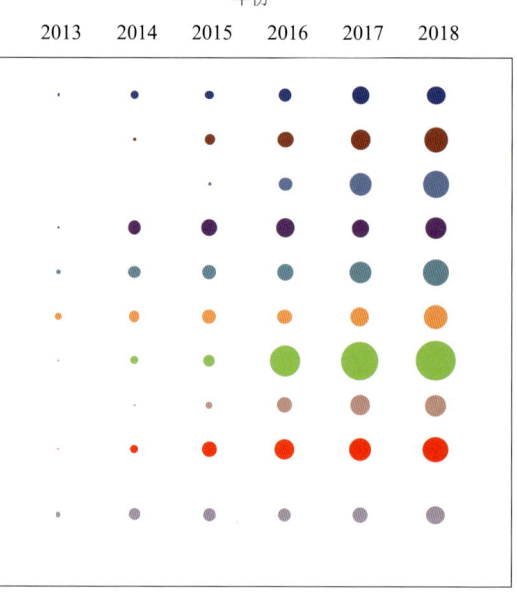

图 5.1 临床医学领域 Top10 热点前沿的施引论文发展态势

5.1.2 重点热点前沿——"英利昔单抗生物类似药有效性和安全性"

生物制药经过数十年发展，已成为全球医药市场的重要组成部分。2018年全球 Top10 畅销药物中，8款为生物药。生物药市场蓬勃发展的同时，其高昂的成本也给患者及社会带来了沉重的经济负担。生物类似药的研发有望改善这一状况。生物类似药是指在质量、安全性和有效性方面与已批准注册的生物技术原研药具有相似性的治疗用生物制品。与原研药相比，生物类似药具备价格优势较强、疗效好和副作用低等优点，能为缓解疾病负担和可及性问题提供重要解决办法。随着多款重磅生物药专利到期新的高峰到来，生物类似药市场迎来了发展良机，成为近年国际制药行业研发的热点。英利昔单抗是全球销售额前5的生物抗体药物，其欧洲、美国专利分别于2015年、2018年到期。巨大的市场空间自然吸引了众多公司进行英利昔单抗生物类似药研发。英利昔单抗生物类似药有效性和安全性相关研究曾跻身2018年Top10热点前沿，并于2019年遴选为重点热点前沿。

"英利昔单抗生物类似药有效性和安全性"热点前沿重点关注CT-P13治疗的临床有效性和安全性以及患者从英利昔单抗原研药切换至生物类似药的安全性及有效性。CT-P13是世界首个英利昔单抗生物类似药，由韩国赛尔群公司研发，分别于2013年和2016年获欧盟和美国批准，适应证包括风湿性关节炎、克罗恩病、溃疡性结肠炎、强直性脊柱炎、银屑病等。该热点前沿30篇核心论文中，2017年发表在《柳叶刀》(*The Lancet*)上的一项名为NOR-SWITCH的研究，被引189次。NOR-SWITCH研究由挪威政府资助，是一项为期52周的随机、双盲、临床四期试验，旨在评估患者切换至英利昔单抗生物类似药CT-P13后的治疗安全性和有效性。结果表明，切换治疗效果并不比继续使用原研药差。该研究与其他同类研究增强了医生和患者对英利昔单抗生物类似药的信心，为使用原研药患者更换至生物类似药提供了数据支持。但是，生物类似药的性质决定了医生和患者对其临床疗效与安全性认识上存在一定程度的不确定性，上市后的长期疗效及安全性仍需更多的研究来评估。

该热点前沿核心论文Top产出国家中，欧洲国家占主导地位（14个席位占10个），这与欧洲生物类似药研发起步早、经验成熟且相关政策完善密不可分。韩国参与贡献核心论文数排名第2（11篇，36.7%），两家韩国生物类似药明星公司赛尔群、三星Bioepis公司的贡献至关重要，两家公司分别研发了CT-P13（商品名Remsima）、SB-2（商品名Renflexis）两款上市英利昔单抗生物类似药。美国在该热点前沿研究中也有一定表现（表5.2）。

表5.2 "英利昔单抗生物类似药有效性和安全性"研究前沿中核心论文Top产出国家和机构

排名	国家	核心论文/篇	比例/%	排名	机构	国家	核心论文/篇	比例/%
1	波兰	12	40.0	1	立陶宛健康科学大学	立陶宛	5	16.7
2	韩国	11	36.7	1	汉阳大学	韩国	5	16.7
3	乌克兰	8	26.7	3	赛尔群公司	韩国	4	13.3
3	德国	8	26.7	3	仁荷大学	韩国	4	13.3
5	荷兰	7	23.3	3	维也纳医科大学	奥地利	4	13.3

续表

排名	国家	核心论文/篇	比例/%	排名	机构	国家	核心论文/篇	比例/%
5	美国	7	23.3	3	巴尼亚卢卡大学	波斯尼亚和黑塞哥维那	4	13.3
7	英国	6	20.0	3	风湿病研究中心	智利	4	13.3
7	墨西哥	6	20.0	8	布拉格查尔斯大学	捷克	3	10.0
9	挪威	5	16.7	8	三星 Bioepis 公司	韩国	3	10.0
9	立陶宛	5	16.7	8	迪亚康彦姆医院	挪威	3	10.0
9	奥地利	5	16.7	8	Med Pro Familia	波兰	3	10.0
9	保加利亚	5	16.7	8	波兹南医科大学	波兰	3	10.0
9	智利	5	16.7	8	Poznanski Osrodek Med NOVAMED	波兰	3	10.0
9	捷克	5	16.7	8	鲁尔风湿病研究中心	德国	3	10.0

施引论文方面，美国贡献率近1/4（148篇，24.3%），远超其他国家，反映其在英利昔单抗生物类似药领域有良好的发展态势。Top 产出机构则由7个欧洲国家的8家机构以及韩国和美国的各1家机构所包揽（表5.3）。

表5.3 "英利昔单抗生物类似药有效性和安全性"研究前沿中施引论文 Top 产出国家和机构

排名	国家	施引论文/篇	比例/%	排名	机构	国家	施引论文/篇	比例/%
1	美国	148	24.3	1	维也纳医科大学	奥地利	27	4.4
2	英国	91	15.0	2	法国国家健康与医学研究所	法国	24	3.9
3	意大利	89	14.6	2	汉阳大学	韩国	24	3.9
4	德国	82	13.5	4	森梅威思大学	匈牙利	23	3.8
5	韩国	67	11.0	5	鲁汶大学	比利时	22	3.6
6	法国	57	9.4	5	柏林夏洛特医科大学	德国	22	3.6
7	荷兰	57	9.4	5	利兹大学	英国	22	3.6
8	西班牙	48	7.9	8	巴黎公共援助医院	法国	21	3.5
9	加拿大	43	7.1	9	鲁尔风湿病研究中心	德国	18	3.0
10	奥地利	37	6.1	9	辉瑞制药公司	美国	18	3.0

5.1.3 重点热点前沿——"中枢神经系统周细胞功能障碍在阿尔茨海默病中的作用"

周细胞是散在分布于血管内皮细胞与基膜之间的一种扁平而有突起的细胞。在中枢神经系统内，周细胞与血管内皮细胞、基膜、神经胶质细胞和神经元共同构成神经血管单元，共同维持中枢神经系统的正常形态和功能。中枢神经系统周细胞可通过收缩松弛来调控脑血流量，并在形成维持血脑屏障、稳定新生血管和吞噬清除代谢产物等方面发挥重要作用。随着神经科学研究的深入,作为血管神经单元重要组成部分的周细胞,其功能障碍与多种中枢神经系统疾病的发病和预后密切相关,并有可能成为临床治疗的新靶点,因而研究热度不断攀升。阿尔茨海默病作为最常见的神经退行性疾病,也和中枢神经系统周细胞功能障碍密不可分,具体机制涉及血脑屏障受损、局部脑血流量降低、β淀粉样蛋白和Tau蛋白代谢异常等方面。

"中枢神经系统周细胞功能障碍在阿尔茨海默病中的作用"热点前沿包括14篇核心论文,研究内容主要涉及阿尔茨海默病的细胞机制和分子机制、周细胞的重要功能和信号途径等领域。其中有研究表明阿尔茨海默病患者脑组织内血小板衍生生长因子受体(PDGFR)β周细胞丢失与纤维蛋白原渗漏、氧合度下降、纤维状β淀粉样蛋白异常沉积有关。还有研究表明周细胞变性导致神经血管解耦合、脑供氧不足和代谢应激,与阿尔茨海默病等中枢神经系统疾病发生有关。另有研究发现,周细胞是脑血流量的主要调节者,神经元活动和神经递质谷氨酸激发信号释放,使周细胞松弛,从而扩张毛细血管,调节脑血流量。

该热点前沿核心论文Top产出国家和机构中,美国参与贡献率最高,达71.4%,其中南加利福尼亚大学领先优势明显,参与发表了6篇核心论文,占比42.9%,在产出机构中排名第1;英国和塞尔维亚分别以4篇和2篇核心论文位列产出国家第2和第3。中国贡献的1篇核心论文来自第三军医大学(表5.4)。

表5.4 "中枢神经系统周细胞功能障碍在阿尔茨海默病中的作用"研究前沿中核心论文的Top产出国家和机构

排名	国家	核心论文/篇	比例/%	排名	机构	国家	核心论文/篇	比例/%
1	美国	10	71.4	1	南加利福尼亚大学	美国	6	42.9
2	英国	4	28.6	2	伦敦大学学院	英国	2	14.3
3	塞尔维亚	2	14.3	2	贝尔格莱德大学	塞尔维亚	2	14.3
4	中国	1	7.1	2	加州大学圣迭戈分校	美国	2	14.3
4	丹麦	1	7.1	2	加州理工学院	美国	2	14.3
4	荷兰	1	7.1					

施引论文产出最多的国家为美国(567篇,47.3%),其后依次为英国、中国、德国和加拿大,其中中国以133篇论文位列第3;Top10产出机构中,美国6家机构上榜,其他4家机构分别来自法国和英国。哈佛大学(54篇)、南加利福尼亚大学(48篇)和法国国家健康与医学研究所(46篇)居前3位(表5.5)。

表 5.5 "中枢神经系统周细胞功能障碍在阿尔茨海默病中的作用"
研究前沿中施引论文的 Top10 产出国家和机构

排名	国家	施引论文/篇	比例/%	排名	机构	国家	施引论文/篇	比例/%
1	美国	567	47.3	1	哈佛大学	美国	54	4.5
2	英国	176	14.7	2	南加利福尼亚大学	美国	48	4.0
3	中国	133	11.1	3	法国国家健康与医学研究所	法国	46	3.8
4	德国	108	9.0	4	伦敦大学学院	英国	38	3.2
5	加拿大	93	7.8	5	马萨诸塞州综合医院	美国	31	2.6
6	日本	71	5.9	6	加州大学旧金山分校	美国	30	2.5
7	法国	61	5.1	7	匹兹堡大学	美国	28	2.3
8	意大利	55	4.6	7	牛津大学	英国	27	2.3
9	瑞典	51	4.3	8	加州大学圣迭戈分校	美国	27	2.3
10	荷兰	47	3.9	10	法国国家科学研究中心	法国	26	2.2

5.2 新兴前沿及重点新兴前沿解读

5.2.1 新兴前沿概述

临床医学领域 2019 年入选的 11 个新兴前沿主要涉及肿瘤免疫治疗、肿瘤分子分型和管理、心血管疾病危险因素和治疗以及丙肝抗病毒治疗几个方面。其中，免疫检查点抑制剂与肿瘤免疫治疗、68Ga-PSMA PET/CT 与前列腺癌管理以及 DAAs 药物与丙肝治疗等新兴前沿与往年研究前沿存在一定程度的关联（表 5.6）。

表 5.6 临床医学领域的 11 个新兴前沿

排名	新兴前沿	核心论文/篇	被引频次	核心论文平均出版年
1	稳定性冠心病变行 PCI 的临床效益	2	120	2018
2	68Ga-PSMA PET/CT 结果对前列腺癌管理模式的影响	7	114	2018
3	新型口服降糖药 SGLT-2 抑制剂降低 2 型糖尿病患者心血管事件风险的真实世界研究	9	196	2017.9
4	弥漫型大细胞淋巴瘤基因分型	5	113	2017.8
5	溶瘤病毒助力肿瘤免疫疗法	5	107	2017.8
6	代谢正常肥胖与心血管疾病风险	4	100	2017.8
7	免疫检查点抑制剂联合用药治疗肾细胞癌的临床 1/2 期研究	4	89	2017.8
8	PD-L1 表达分子调节机制及肿瘤免疫治疗增强策略	6	137	2017.7
9	非他汀降脂药与心血管疾病风险	5	170	2017.6
10	DAAs 药物 Glecaprevir/Pibrentasvir 复方治疗伴有或不伴有肝硬化的慢性丙肝疗效与安全性	5	164	2017.6
11	免疫治疗时代肿瘤疗效评估	5	147	2017.6

5.2.2 重点新兴前沿——"稳定性冠心病变行 PCI 的临床效益"

经皮冠状动脉介入治疗（percutaneous coronary intervention，PCI）可有效减少冠心病变患者症状、改善预后。但对于稳定性冠心病变，PCI 的恰当适应证和预后获益仍存在争议，尤其是近年来其他治疗措施有了长足进展。

"稳定性冠心病变行 PCI 的临床效益"重点新兴前沿包括 2 篇核心论文。其中，2018 年 2 月发表在《柳叶刀》上的 ORBITA 研究，是首个在稳定性冠心病患者中开展的随机安慰剂对照试验，旨在比较 PCI 与安慰剂对患者运动时间增加的影响。200 例纳入研究的单支血管狭窄 ≥ 70% 的患者，在接受 6 周药物治疗后，随机分配至 PCI 组（105 例）和假手术组（95 例）。随访后发现，两组的运动时间分别增加 28.4 秒和 11.8 秒，差异不具有统计学意义。该研究认为 PCI 在改善运动耐力方面与安慰效应没有明显差异，PCI 不应作为稳定型心绞痛一线治疗方案。ORBITA 研究引起业内一片哗然，虽然其结果受到样本量大小、主要终点设计、患者类型等方面的质疑，但该研究无疑也给相关指南中 PCI 改善稳定性冠心病的推荐力度带来冲击。

第6章 生物科学

6.1 热点前沿及重点热点前沿解读

6.1.1 生物科学领域 Top10 热点前沿发展态势

生物科学领域 Top10 热点前沿包括：3个与药物开发相关的前沿、3个与衰老相关的前沿、2个合成生物学热点前沿、1个探索细菌抗性基因耐药机制的前沿，以及1个新发现的具有实体瘤免疫的T细胞谱系相关前沿。

其中3个与药物开发相关的前沿分别是"诱导蛋白降解的小分子 PROTACs"、"3D 打印医疗药物""绿色合成纳米颗粒在防治蚊媒疾病和癌症中的应用"。3个与衰老相关的前沿分别是"衰老和年龄相关疾病中的细胞衰老：从机制到治疗""DNA 甲基化与衰老表观遗传时钟理论""一种新的细胞死亡模式——铁死亡"。2018年与该类相关的有2个前沿，分别是"细胞衰老的分子机制"和"哺乳动物早期胚胎 DNA 甲基化的独特调控阶段"。2个合成生物学热点前沿分别是"Cas13：一种靶向 RNA 的新型 CRISPR 基因编辑系统""人工合成基因组"。1个探索细菌抗性基因耐药机制的前沿为"质粒介导的多黏菌素抗性基因"。1个新发现的具有实体瘤免疫的T细胞谱系相关前沿为"组织驻留记忆T细胞及其肿瘤免疫保护机制"（表6.1、图6.1）。

表6.1 生物科学领域 Top10 热点前沿

排名	热点前沿	核心论文/篇	被引频次	核心论文平均出版年
1	质粒介导的多黏菌素抗性基因	50	3689	2016.8
2	诱导蛋白降解的小分子 PROTACs	27	2571	2016.4
3	3D 打印医疗药物	34	1521	2016.4
4	绿色合成纳米颗粒在防治蚊媒疾病和癌症中的应用	45	2949	2016.3

续表

排名	热点前沿	核心论文/篇	被引频次	核心论文平均出版年
5	Cas13：一种靶向RNA的新型CRISPR基因编辑系统	8	1394	2016.3
6	人工合成基因组	17	1736	2016
7	衰老和年龄相关疾病中的细胞衰老：从机制到治疗	34	5312	2015.9
8	DNA甲基化与衰老表观遗传时钟理论	20	3011	2015.9
9	一种新的细胞死亡模式——铁死亡	19	2354	2015.9
10	组织驻留记忆T细胞及其肿瘤免疫保护机制	25	2628	2015.8

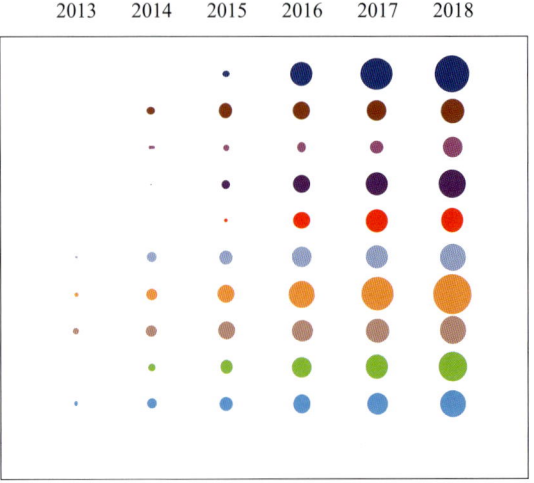

图 6.1　生物科学领域 Top10 热点前沿的施引论文发展态势

6.1.2 重点热点前沿——"质粒介导的多黏菌素抗性基因"

近年来，细菌耐药现象日渐严重，给抗感染治疗带来重大挑战，严重威胁人类健康，已成为重要的公共卫生问题。多黏菌素被认为是治疗多重耐药革兰氏阴性菌感染的最后一道防线。

2015年11月，中国和英国科学家报道在中国的人和动物体内存在多黏菌素抗性基因 *mcr-1*。这个基因位于细菌的质粒 DNA 上，当细菌间相互接触时，质粒就可能相互传播，导致抗性基因快速广泛地传播。该论文以"Emergence of Plasmid-mediated Colistin Resistance Mechanism MCR-1 in Animals and Human Beings in China: A Microbiological and Molecular Biological Study"为题发表在《柳叶刀-传染病》(*The Lancet Infectious Diseases*)上，是该热点前沿被引频次最高的核心论文，被引频次达到1120次。

该热点前沿的50篇核心论文主要涉

及了不同来源肠杆菌科细菌中 mcr-1 的分布流行情况、耐药和传播机制、基因环境等方面的研究进展,同时也探讨了其临床风险以及后续应对措施。在中国和英国的报道之后,近年来多个国家陆续从人体内分离出携带 mcr-1 基因的质粒介导的多黏菌素耐药菌株。与此同时,mcr-2、mcr-3、mcr-4、mcr-5 以及 mcr-7 等 mcr-1 的多种突变体也相继被发现。

耐药基因可以在人、动物和环境中循环传播,增加了人类摄入耐药基因的风险,这种风险既是医学问题,也是生态学问题,其潜在的威胁已经引起了社会各界的广泛重视和关注。传统单一化的卫生工作系统已很难有效地解决这类挑战,急需多学科、多领域的合作来共同应对和解决此类新问题。

从核心论文的国家分布看,美国、英国和中国是核心论文的前三大贡献国。从核心论文的机构分布看,印度德里大学、法国国家科学研究中心、英国公共卫生部排名前 3。中国农业大学和浙江大学对该前沿有重要贡献(表 6.2)。

表 6.2 "质粒介导的多黏菌素抗性基因"研究前沿中核心论文的 Top 产出国家和机构

排名	国家	核心论文/篇	比例/%	排名	机构	国家	核心论文/篇	比例/%
1	美国	15	30.0	1	德里大学	印度	6	12.0
2	英国	12	24.0	2	法国国家科学研究中心	法国	5	10.0
3	中国	9	18.0	2	英国公共卫生部	英国	5	10.0
4	法国	8	16.0	4	美国卫生部	美国	4	8.0
5	荷兰	7	14.0	4	法国国家健康与医学研究所	法国	4	8.0
6	印度	6	12.0	6	中国农业大学	中国	3	6.0
7	德国	5	10.0	6	浙江大学	中国	3	6.0
8	比利时	4	8.0	6	新泽西州立大学新布朗斯维克分校	美国	3	6.0
9	丹麦	3	6.0	6	Heath Park 医院	英国	3	6.0
9	意大利	3	6.0	6	威廉明娜医院	荷兰	3	6.0
9	西班牙	3	6.0	6	美国疾病控制预防中心	美国	3	6.0

从施引论文的分布来看,美国是最活跃的国家,参与了 435 篇施引论文,占总施引论文数的 25.6%。其次是中国,参与了 319 篇施引论文。英国以 206 篇施引论文排在第 3 位。Top 机构中(含并列 11 个机构),包括来自中国和法国的各 3 家机构,美国和瑞士的各 2 家机构,以及英国的 1 家机构。其中浙江大学、法国国家健康与医学研究所和美国卫生部排名前 3(表 6.3)。

表 6.3 "质粒介导的多黏菌素抗性基因"研究前沿中施引论文 Top 产出国家和机构

排名	国家	施引论文/篇	比例/%	排名	机构	国家	施引论文/篇	比例/%
1	美国	435	25.6	1	浙江大学	中国	73	4.3
2	中国	319	18.8	2	法国国家健康与医学研究所	法国	60	3.5
3	英国	206	12.1	3	美国卫生部	美国	57	3.4
4	法国	152	9.0	4	中国农业大学	中国	47	2.8
5	瑞士	106	6.3	5	华南农业大学	中国	46	2.7
6	澳大利亚	100	5.9	5	弗里堡大学	瑞士	46	2.7
6	德国	100	5.9	7	洛桑大学	瑞士	39	2.3
8	意大利	87	5.1	7	美国疾病预防控制中心	美国	39	2.3
9	西班牙	78	4.6	9	法国国家科学研究中心	法国	35	2.1
10	荷兰	76	4.5	9	布列塔尼-卢瓦尔大学	法国	35	2.1
				9	英国公共卫生部	英国	35	2.1

6.1.3 重点热点前沿——"Cas13：一种靶向 RNA 的新型 CRISPR 基因编辑系统"

CRISPR/Cas 系统是目前应用最为广泛的基因编辑工具。根据 Cas 的结构和功能可分为 6 种（Type Ⅰ～Ⅵ），并可进一步分为多个亚型。其中最熟悉的 Cas9 蛋白广泛用于基因组编辑等工作。新的 CRISPR 蛋白不断发现与应用。除了针对 DNA 进行基因编辑，CRISPR 蛋白家族中的 Cas13 可以靶向 RNA 进行基因编辑。目前已经发现 Cas13a（也被称为 C2c2）、Cas13b、Cas13c 和 Cas13d 这 4 种蛋白都具有该功能。上述蛋白由于具有 RNA 结合特性，从而被发展成为核糖核酸的检测器。

该研究前沿记录了这种新的靶向 RNA 的 CRISPR 系统——Cas13 的发现过程。

在 2016 年的《科学》(Science)文章中，美国麻省理工学院-哈佛大学博德研究所的张锋等揭示 C2c2 是第一个只靶向 RNA 而不是 DNA 的新型 CRISPR 系统。该发现入选《科学》刊登的 20 项 2016 年最有意义的科研发现。随后，2016 年 9 月，Jennifer Doudna 团队又发现了 C2c2 的作用：C2c2 有两种不同的 RNA 切割活性。2017 年，中国科学院生物物理研究所王艳丽研究组等对 Cas13a 蛋白及其复合物进行了结构解析及机制分析。2017 年，张锋的研究小组又发现了两个新型的 RNA 靶向 CRISPR 系统——Cas13b 和 Cas13c。

2017 年 4 月，张锋团队和 Jim Collins 团队等基于靶向 RNA 的 CRISPR-Cas13a/C2c2 开发的一种高度灵敏的检测器——SHERLOCK，可对特定病原体的核酸进行检测。目前该系统已成功用于寨卡病毒和登革热病毒不同菌株的检测。想用CRISPR技术来治疗人类的疾病，光靠DNA编辑是不够的。因为不少疾病的根源在于RNA，所以这种靶向RNA的CRISPR技术的开发，扩展了CRISPR技术的应用价值和应用前景。

该热点前沿共有8篇核心论文。其中美国是核心论文的主要贡献国家，贡献了7篇核心论文，且7篇均是美国作者为通讯作者。另外1篇的通讯作者来自中国。从核心论文的机构分布来看，美国国立卫生研究院参与了6篇核心论文。其次是哈佛大学和麻省理工学院（表6.4）。

表6.4 "Cas13：一种靶向RNA的新型CRISPR基因编辑系统"研究前沿中核心论文的Top产出国家和机构

排名	国家	核心论文/篇	比例/%	排名	机构	国家	核心论文/篇	比例/%
1	美国	7	87.5	1	美国国立卫生研究院	美国	6	75.0
2	俄罗斯	4	50.0	2	哈佛大学	美国	5	62.5
3	西班牙	1	12.5	2	麻省理工学院	美国	5	62.5
3	英国	1	12.5	4	俄罗斯科学院	俄罗斯	3	37.5
3	加拿大	1	12.5	4	新泽西州立大学新布朗斯维克分校	美国	3	37.5
3	中国	1	12.5	6	霍华休斯医学研究所	美国	2	25.0
3	丹麦	1	12.5	7	加州大学伯克利分校	美国	1	12.5
3	法国	1	12.5	7	中国科学院	中国	1	12.5
3	德国	1	12.5					
3	荷兰	1	12.5					

从施引论文的国家分布来看，美国参与了367篇施引论文，是施引论文数量最多的国家。中国以130篇施引论文，排名第2，表明中国在该前沿展开了较多的跟进研究。施引论文的Top产出机构中，美国机构占7家，其中哈佛大学、美国国立卫生研究院和麻省理工学院分别位列第1、2和第4。中国科学院以40篇施引论文位列第3（表6.5）。

表6.5 "Cas13：一种靶向RNA的新型CRISPR基因编辑系统"研究前沿中施引论文的Top产出国家和机构

排名	国家	施引论文/篇	比例/%	排名	机构	国家	施引论文/篇	比例/%
1	美国	367	46.7	1	哈佛大学	美国	52	6.6
2	中国	130	16.5	2	美国国立卫生研究院	美国	44	5.6
3	德国	68	8.7	3	中国科学院	中国	40	5.1
4	英国	53	6.7	4	麻省理工学院	美国	38	4.8
5	法国	45	5.7	5	霍华休斯医学研究所	美国	36	4.6

续表

排名	国家	施引论文/篇	比例/%	排名	机构	国家	施引论文/篇	比例/%
6	加拿大	35	4.5	6	加州大学伯克利分校	美国	33	4.2
7	俄罗斯	30	3.8	7	北卡罗来纳大学	美国	29	3.7
8	日本	29	3.7	8	北卡罗来纳州立大学	美国	26	3.3
9	荷兰	27	3.4	9	法国国家科学研究中心	法国	22	2.8
10	丹麦	25	3.2	9	俄罗斯科学院	俄罗斯	22	2.8

6.2 新兴前沿及重点新兴前沿解读

6.2.1 新兴前沿概述

生物科学领域有 6 项研究入选新兴前沿，主要研究主题包括 3 个与癌症相关的前沿、2 个生物学基础研究，以及 1 个检测结核病的前沿。

3 个与癌症相关的前沿分别是"环状 RNA 作为癌症新的生物标志物"、"用于疾病建模和药物筛选的肿瘤近生理类有机物培养系统"和"FOXO 蛋白转录因子在癌症中的新作用"。其中，2019 年是环状 RNA 第三次入选新兴前沿，"环状 RNA 作为新的癌症诊断标志物"在 2018 年也入选生物科学领域新兴前沿，并且是 2017 年"环状 RNAs 的起源、鉴定与功能研究"的延续。

2 个生物学基础研究的新兴前沿"巨型病毒的翻译机制"和"单细胞水平下的细胞谱系追踪"，分别探讨了病毒的蛋白质翻译机制和细胞发育。《科学》期刊将单细胞水平细胞谱系追踪技术评选为 2018 年十大科学突破之首。1 个检测结核病的前沿为"新一代超敏 Xpert MTB RIF Ultra 检测法快速检测结核病"（表 6.6）。

表 6.6 生物科学领域的 6 个新兴前沿

序号	新兴前沿	核心论文/篇	被引频次	核心论文平均出版年
1	环状 RNA 作为癌症新的生物标志物	11	185	2018
2	用于疾病建模和药物筛选的肿瘤近生理类有机物培养系统	5	137	2017.8
3	FOXO 蛋白转录因子在癌症中的新作用	6	78	2017.8
4	新一代超敏 Xpert MTB RIF Ultra 检测法快速检测结核病	3	86	2017.7
5	巨型病毒的翻译机制	3	62	2017.7
6	单细胞水平下的细胞谱系追踪	14	484	2017.6

6.2.2 重点新兴前沿——"环状RNA作为癌症新的生物标志物"

环状 RNA（circular RNA，circRNA）是一类较为特殊的内源性非编码 RNA，它形成一个闭合的圆形结构，比传统的线性 RNA 更加稳定。早在 20 世纪 70 年代，环状 RNA 就已经被发现存在于某些高等植物体内，但是受当时技术手段所限，环状 RNA 的研究进展十分缓慢，近年来随着分子纯化及高通量测序技术的发展，人们对环状 RNA 有了更深的认识，环状 RNA 在各种慢性病尤其是恶性肿瘤的发生发展过程中的作用也备受关注。已有研究证实环状 RNA 能够调控原癌基因或者抑癌基因的表达，有可能成为恶性肿瘤的诊断标志物。但其在肿瘤中的作用机制和方式我们却知之甚少。

该新兴前沿的研究，分析了不同的环状 RNA 在不同癌症中的表达及其与临床病理特征的关系，旨在探讨环状 RNA 在骨肉瘤、胶质瘤、肺癌、胆管癌、肝细胞癌、宫颈癌、口腔鳞状细胞癌和胰腺导管腺癌发生过程中的表达特征及其可能的调控机制。

第7章 化学与材料科学

7.1 热点前沿及重点热点前沿解读

7.1.1 化学与材料科学领域 Top10 热点前沿发展态势

化学与材料科学领域 Top10 热点前沿主要分布在有机合成、电化学合成、先进材料、机器学习在化学与材料科学中的应用等领域。与 2013~2018 年相比，2019 年 Top10 热点前沿一半曾入选研究前沿报告，一半是首次入选，表现出既有延续又有发展的特点。在有机合成领域，碳氢键活化连续成为热点前沿，2019 年突出了与电化学的结合；碳氮键活化和钳形有机催化剂都是第二次入选《2019 研究前沿》报告，分子机器是首次进入。在电化学合成领域，电化学合成氨首次入选《2019 研究前沿》报告。在先进材料领域，钙钛矿材料和高能量密度聚合物纳米复合材料都是连续入选热点前沿，有机超长磷光材料和纳米材料蒸发水技术首次入选研究前沿。近年来发展迅速的机器学习在化学研究中的应用方面的研究前沿首次入选该领域的 Top10 热点前沿（表 7.1、图 7.1）。

表 7.1 化学与材料科学领域 Top10 热点前沿

排名	热点前沿	核心论文 / 篇	被引频次	核心论文平均出版年
1	过渡金属催化的电化学促进的碳氢键官能团化反应	49	2401	2017.2
2	过渡金属催化的酰胺碳氮键活化	42	2787	2016.7
3	钳形锰络合物有机催化剂	36	2221	2016.7
4	有机超长磷光材料	26	1838	2016.6
5	机器学习预测分子性质	33	1852	2016.5
6	电化学合成氨	28	2181	2016.4
7	界面光蒸汽转化	30	2934	2016.3

续表

排名	热点前沿	核心论文/篇	被引频次	核心论文平均出版年
8	无铅钙钛矿吸光层材料	24	2562	2016.2
9	分子机器	19	2366	2016.1
10	高能量密度聚合物纳米复合材料	20	2473	2016

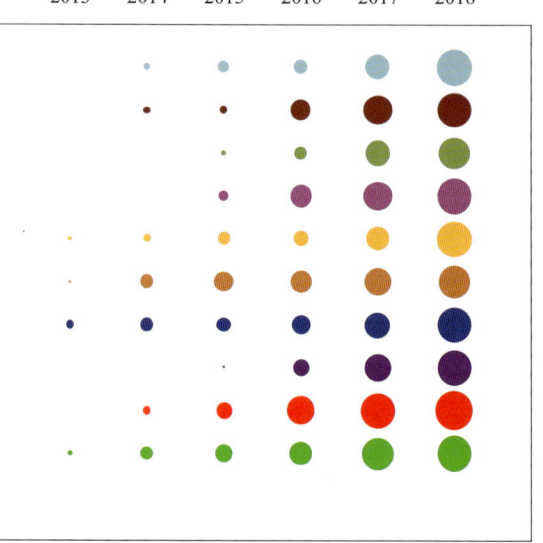

图 7.1　化学与材料科学领域 Top10 热点前沿的施引论文发展态势

7.1.2　重点热点前沿——"界面光蒸汽转化"

2013 年，美国化学会 *ACS Nano* 期刊重点推介了一篇文章，美国莱斯大学 Peter Nordlander 和 Naomi J. Halas 报道了一种利用纳米粒子高效产生水蒸气的方法。水溶液中的纳米粒子吸收太阳光能并转化为热能，使其表面温度高于水的沸点，进而将其表面的水分子蒸发。该方法无须把水溶液整体加热至沸点即可高效产生水蒸气，太阳能利用率高达 80%，对海水淡化、污水处理、消毒杀菌等具有重

要意义，迅速成为研究热点。中国南京大学朱嘉教授在该领域做出了卓越成果，率先制备了基于等离激元增强效应的太阳能海水淡化器件，提出并实现了"二维水通道"设计与"人工蒸腾"结构，实现了集热蒸发一体化的太阳能海水淡化器件的便携、高效率和低成本化。2017 年，南京大学与江苏射阳经济开发区正式签约，朱嘉教授的"高效太阳能海水淡化"技术成功转化，将建成日产 500 吨纯净水的海水淡化生产线。

本前沿定量统计结果也反映了上述研

发态势和研发意义。中国和美国发表了多篇高水平论文,沙特阿拉伯等淡水资源紧张国家也对该方法显示出浓厚的兴趣。在研究机构方面,南京大学、阿卜杜拉国王科技大学、麻省理工学院、莱斯大学等做出了突出贡献。特别要指出的是,美国空军研究实验室也对此进行了研究(表 7.2)。

表7.2 "界面光蒸汽转化"研究前沿中核心论文的 Top 产出国家和机构

排名	国家	核心论文/篇	比例/%	排名	机构	国家	核心论文/篇	比例/%
1	中国	20	66.7	1	南京大学	中国	8	26.7
2	美国	14	46.7	2	阿卜杜拉国王科技大学	沙特阿拉伯	4	13.3
3	沙特阿拉伯	4	13.3	3	马里兰大学帕克分校	美国	3	10.0
4	新加坡	1	3.3	3	麻省理工学院	美国	3	10.0
4	韩国	1	3.3	3	华中科技大学	中国	3	10.0
4	日本	1	3.3	6	莱斯大学	美国	2	6.7
4	土耳其	1	3.3	6	圣路易斯华盛顿大学	美国	2	6.7
4	荷兰	1	3.3	6	科罗拉多大学	美国	2	6.7
4	西班牙	1	3.3	6	空军研究实验室	美国	2	6.7
4	阿拉伯联合酋长国	1	3.3	6	北京大学	中国	2	6.7
				6	北京理工大学	中国	2	6.7
				6	湖北大学	中国	2	6.7

从施引论文角度看(表7.3),中国、美国、日本等国家积极开展该领域研究,在 Top 施引论文机构中,超过一半来自中国,其中中国科学院表现最为活跃。

表7.3 "界面光蒸汽转化"研究前沿中施引论文 Top 产出国家和机构

排名	国家	施引论文/篇	比例/%	排名	机构	国家	施引论文/篇	比例/%
1	中国	452	48.1	1	中国科学院	中国	84	8.9
2	美国	300	31.9	2	上海交通大学	中国	37	3.9
3	日本	47	5.0	3	哈尔滨工业大学	中国	36	3.8
4	德国	39	4.2	4	南京大学	中国	31	3.3
5	英国	36	3.8	5	清华大学	中国	30	3.2
6	澳大利亚	35	3.7	6	阿卜杜拉国王科技大学	沙特阿拉伯	28	3.0
7	沙特阿拉伯	34	3.6	7	麻省理工学院	美国	23	2.4
8	韩国	34	3.6	8	北京大学	中国	22	2.3
9	新加坡	31	3.3	8	普渡大学	美国	22	2.3
10	加拿大	29	3.1	8	莱斯大学	美国	22	2.3

7.1.3 重点热点前沿——"分子机器"

2016年诺贝尔化学奖授予了法国斯特拉斯堡大学 Jean-Pierre Sauvage 教授、美国西北大学 J. Fraser Stoddart 教授和荷兰格罗宁根大学 Bernard L. Feringa 教授，以表彰他们在分子机器合成领域的卓越贡献。本前沿反映了这些科学家的卓越贡献和相关的其他最新进展。

1983年，Jean-Pierre Sauvage 首次使用金属模板诱导合成索烃，迈出了合成分子机器的重要一步。J. Fraser Stoddart 通过精巧的轮烷设计，使得分子可以精准地沿着设计的方向运行，并于2004年合成了分子电梯。1999年，Bernard L. Feringa 合成了分子马达，2006年成功使分子马达驱动比其大上千倍的玻璃棒转动，2011年合成了以四个分子马达作为轮子的纳米车。2017年，Bernard L. Feringa 将纳米级的分子机器组装成厘米级的纤维，该纤维组成的纤维束在紫外线照射下成功举起一张纸片。

除了上述诺贝尔奖得主，其他科学家也在该领域做出了重要贡献。例如，2013年，英国曼彻斯特大学 David A. Leigh 教授基于轮烷结构，设计了可按照一定氨基酸顺序合成多肽的分子机器。华东理工大学、中国科学院化学研究所、浙江大学、华东师范大学等中国科研机构也取得了突出成果。

上述研发态势也体现在文献计量分析结果中。如表7.4所示，英国、荷兰、美国、法国等国家发表了多篇高水平论文，曼彻斯特大学、格罗宁根大学、西北大学、斯特拉斯堡大学等是该领域主要的研究机构。

表 7.4 "分子机器"研究前沿中核心论文的 Top 产出国家和机构

排名	国家	核心论文/篇	比例/%	排名	机构	国家	核心论文/篇	比例/%
1	英国	9	47.4	1	曼彻斯特大学	英国	9	47.4
2	荷兰	4	21.1	2	格罗宁根大学	荷兰	3	15.8
3	美国	3	15.8	3	西北大学	美国	2	10.5
4	法国	2	10.5	3	斯特拉斯堡大学	法国	2	10.5
5	意大利	1	5.3	5	博洛尼亚大学	意大利	1	5.3
5	中国	1	5.3	5	奈梅亨大学	荷兰	1	5.3
				5	浙江大学	中国	1	5.3
				5	加州大学洛杉矶分校	美国	1	5.3

在施引论文方面，如表7.5所示，七国集团全部上榜，反映了发达国家积极研发分子机器的态势。中国也发表了大量施引论文，表现出积极进取的态势。在研发机构方面，除表7.4所列该领域传统研究机构外，中国科学院、法国国家科学研究中心、华东理工大学、华东师范大学等也表现突出。

表 7.5 "分子机器"研究前沿中施引论文的 Top 产出国家和机构

排名	国家	施引论文 / 篇	比例 /%	排名	机构	国家	施引论文 / 篇	比例 /%
1	中国	363	27.3	1	中国科学院	中国	73	5.5
2	美国	264	19.8	2	法国国家科学研究中心	法国	64	4.8
3	德国	163	12.2	3	西北大学	美国	47	3.5
4	英国	142	10.7	4	格罗宁根大学	荷兰	40	3.0
5	日本	136	10.2	5	曼彻斯特大学	英国	34	2.6
6	法国	95	7.1	6	华东理工大学	中国	30	2.3
7	意大利	85	6.4	7	华东师范大学	中国	26	2.0
8	荷兰	71	5.3	8	斯特拉斯堡大学	法国	25	1.9
9	西班牙	51	3.8	8	博洛尼亚大学	意大利	25	1.9
10	加拿大	41	3.1	8	东京工业大学	日本	25	1.9

7.2 新兴前沿及重点新兴前沿解读

7.2.1 新兴前沿概述

在化学与材料科学领域共有 5 项研究入选新兴前沿，主要涉及光催化剂、锌空气电池及半导体聚合物等材料类新兴前沿和非活化烯烃的官能团化及含氧化合物的合成等有机化学反应领域的新兴前沿。多年来，光催化剂与聚合物研究一直是化学与材料领域的热点研究方向。2013～2018 年催化剂领域的新兴和热点前沿主要围绕制氢（2013 年）、含石墨烯的光催化剂制备（2014 年）、不对称催化反应（2016 年）、卤氧化铋光催化剂（2018 年）等研究方向展开。2019 年针对光催化剂的研究与 2018 年一样，同样围绕铋系光催化剂，所不同的是 2018 年的光催化材料是卤氧化铋 [$BiOX$（X = Cl、Br、I）]，而 2019 年的光催化材料是钒（钨）酸铋 [$BiV(W)O_4$]。2013～2018 年聚合物领域的新兴前沿和热点研究方向主要涉及聚合物的制备（2016 年、2018 年）及聚合物太阳能电池（2013～2017 年均包含相关方向）两个研究领域，2019 年围绕聚合物的研究焦点则转移到半导体聚合物在成像引导的光热抗肿瘤诊疗领域的应用上。锌空气电池且以杂原子（钴、氮等）掺杂的碳纳米材料（石墨烯、碳纳米片等）作为电催化剂及电极材料的研究是 2019 年首次出现的全新的新兴前沿方向。采用远端迁移策略实现的非活化烯烃的双官能团化及氧气作为氧化剂和氧源用于合成含氧化合物等也是首次出现在化学与材料领域新兴前沿中的两个全新研究方向（表 7.6）。

表 7.6　化学与材料科学领域的 5 个新兴前沿

序号	新兴前沿	核心论文 / 篇	被引频次	核心论文平均出版年
1	半导体聚合物用于光热治疗	10	274	2017.8
2	远端迁移策略实现非活化烯烃的双官能团化	9	256	2017.8
3	BiV(W)O_4 可见光光催化剂	9	229	2017.8
4	杂原子掺杂的碳纳米材料用于锌空气电池	11	298	2017.7
5	氧气作为氧化剂和氧源用于合成含氧化合物	3	133	2017.7

7.2.2　重点新兴前沿——"远端迁移策略实现非活化烯烃的双官能团化"

烯烃广泛地存在于天然产物和化学化工产品中，并且作为原料被广泛地应用于合成化学中。烯烃双官能团化可以便捷地将官能团引入复杂分子中，为具有工业应用前景的烯烃转化提供了更多机会。然而，烯烃的双官能团化反应一般是双键的邻位具有芳基、羰基或者杂原子的活化烯烃。而对于非活化烯烃的双官能团化反应，目前仍具有较大的挑战性。远端迁移策略能够以有效的方式重建分子结构并合成有价值的化合物，为有机合成，特别是非活化烯烃的双官能团化提供了新的合成方案。所以利用远端迁移策略实现的非活化烯烃的双官能团化成为近年来的新兴研究前沿。

中国科学家在此领域表现突出，尤其是苏州大学的朱晨教授团队，在该领域做出了诸多首次成功的策略引领，为远端迁移策略用于非活化烯烃的双官能团化开辟了新的可能和途径。例如，该课题组发展了首例分子内远程氰基迁移反应，在室温下实现了非活化烯烃的叠氮氰基化反应；发展了首例芳香杂环迁移反应，实现了非活化烯烃的全氟烷基—杂芳基化反应；发展了首例三氟甲基自由基诱导的分子内远程炔基迁移反应，实现了非活化烯烃的三氟甲基炔基化反应等，2018 年该课题组又再次提出一种新的烯烃双官能团化反应策略——"对接迁移"（docking-migration）策略，合成了一种可在反应底物上同时引入杂芳基与二氟甲基的双官能团化产物，为烯烃的双官能团化反应开拓了一种创新性的思路，丰富并进一步升级了烯烃双官能团化的反应模式。

第 8 章 物理学

8.1 热点前沿及重点热点前沿解读

8.1.1 物理学领域 Top10 热点前沿发展态势

物理学领域 Top10 热点前沿主要集中于凝聚态物理、光学、理论物理和高能物理等方面。凝聚态物理方面，聚焦在量子自旋液体、氮族二维材料、马约拉纳费米子和拓扑声子晶体等 4 个热点前沿，它们都是首次出现，都与拓扑物理学研究密切相关。光学方面，新型深紫外非线性光学晶体、金属纳米结构表面等离激元和光学原子钟成为新的研究前沿。理论物理方面，量子力学模型 Sachdev-Ye-Kitaev 模型和周期性驱动量子系统备受关注。高能物理方面，对四夸克态和五夸克态奇特强子的研究已经连续三年位列热点前沿（表8.1、图 8.1）。

表 8.1 物理学领域 Top10 热点前沿

排名	热点前沿	核心论文/篇	被引频次	核心论文平均出版年
1	量子力学模型 Sachdev-Ye-Kitaev 模型研究	24	1813	2016.5
2	新型深紫外非线性光学晶体材料的合成和性质研究	31	2418	2016.4
3	量子自旋液体的理论和实验研究	40	3383	2016
4	氮族二维材料锑烯、砷烯和铋烯的特性研究	15	1789	2015.9
5	凝聚态物理中的马约拉纳费米子研究	50	6751	2015.7
6	金属纳米结构表面等离激元性质研究	36	3725	2015.7
7	四夸克态和五夸克态的实验和理论研究	40	3635	2015.7
8	周期性驱动量子系统的特性研究	23	2597	2015.7
9	光学原子钟研究	18	2385	2015.7
10	拓扑声子晶体和拓扑声学机制研究	20	2179	2015.7

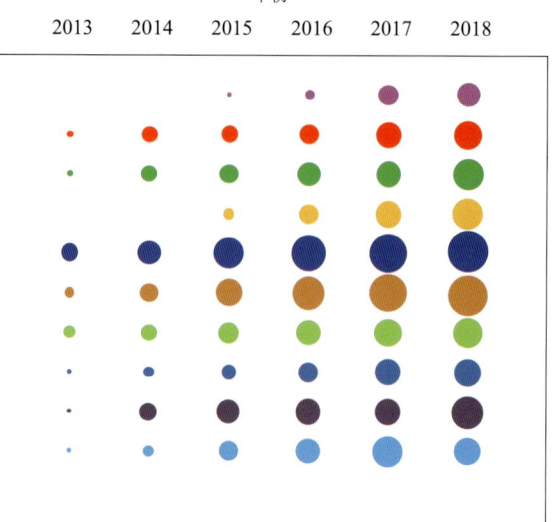

图 8.1　物理学领域 Top10 热点前沿的施引论文发展态势

8.1.2　重点热点前沿——"新型深紫外非线性光学晶体材料的合成和性质研究"

非线性光学晶体是一种与激光技术有密切联系的光学材料，可用来对激光波长进行变频，从而拓宽激光技术的应用范围。深紫外激光指的是波长小于 200 纳米的激光，可用于激光超高分辨光刻、生物医学、高精尖科研设备等领域。随着科学技术的发展，越来越多的领域需要深紫外激光光源，其核心器件正是深紫外非线性光学晶体。20 世纪 90 年代初，中国科学院首次成功生长出氟代硼铍酸钾（KBBF）晶体，并随后实现了 200 纳米以下的激光输出。基于 KBBF 晶体的深紫外激光拉曼光谱仪、深紫外激光光化学反应仪等也陆续研制成功，并用于诸多前沿科学研究中。然而，KBBF 晶体在生长为大晶体的过程中具有严重层状生长习性，而且其原材料氧化铍具有毒性，这两个因素限制了 KBBF 晶体的广泛应用。因此，研究和开发新型深紫外非线性光学晶体材料成为当前激光技术发展的重要方向和热点方向。这个热点前沿中的研究主要包括两个方向：对 KBBF 晶体的结构改造，以及合成全新的深紫外非线性光学晶体。

在这个热点前沿中，中国和美国表现最活跃，是核心论文的主要产出国家（表 8.2）。31 篇核心论文中，中国参与的有 25 篇，占核心论文总量的 80.6%，美国参与的有 10 篇，占核心论文总量的 32.3%。核心论文 Top 机构中，来自中国的有 6 所，美国 4 所，韩国 2 所，德国和澳大利亚各 1 所。参与核心论文最多的机构是中国科学院和美国西北大学。

表 8.2 "新型深紫外非线性光学晶体材料的合成和性质研究"
研究前沿中核心论文的 Top 产出国家和机构

排名	国家	核心论文/篇	比例/%	排名	机构	国家	核心论文/篇	比例/%
1	中国	25	80.6	1	中国科学院	中国	23	74.2
2	美国	10	32.3	2	西北大学	美国	10	32.3
3	韩国	2	6.5	3	休斯敦大学	美国	3	9.7
4	德国	1	3.2	4	德雷塞尔大学	美国	2	6.5
4	澳大利亚	1	3.2	4	河南理工大学	中国	2	6.5
				6	同济大学	中国	1	3.2
				6	澳大利亚国立大学	澳大利亚	1	3.2
				6	中国地质大学（北京）	中国	1	3.2
				6	北京科技大学	中国	1	3.2
				6	扬州大学	中国	1	3.2
				6	奥格斯堡大学	德国	1	3.2
				6	中央大学	韩国	1	3.2
				6	韩国科学技术研究院	韩国	1	3.2
				6	约翰斯·霍普金斯大学	美国	1	3.2

分析该热点前沿施引论文的国家/地区和机构（表 8.3）可以发现，中国的表现远超其他国家/地区，参与的施引论文有 670 篇，占总施引论文总量的 78.2%。美国、印度、韩国等紧随其后。施引论文总量排名前 10 的机构中，6 所中国机构入选，中国科学院的施引论文最多，为 472 篇，占施引论文总量的 55.1%。

表 8.3 "新型深紫外非线性光学晶体材料的合成和性质研究"
研究前沿中施引论文 Top10 产出国家/地区和机构

排名	国家/地区	施引论文/篇	比例/%	排名	机构	国家/地区	施引论文/篇	比例/%
1	中国（不含台湾数据）	670	78.2	1	中国科学院	中国	472	55.1
2	美国	100	11.7	2	西北大学	美国	53	6.2
3	印度	25	2.9	3	新疆大学	中国	29	3.4
3	韩国	25	2.9	4	休斯敦大学	美国	28	3.3
5	俄罗斯	23	2.7	5	北京理工大学	中国	26	3.0
6	中国台湾	22	2.6	5	中国地质大学	中国	26	3.0
7	德国	19	2.2	7	福州大学	中国	22	2.6
7	沙特阿拉伯	19	2.2	8	中央大学	韩国	20	2.3
9	捷克	17	2.0	9	扬州大学	中国	19	2.2
10	英国	14	1.6	10	俄罗斯科学院	俄罗斯	18	2.1

8.1.3 重点热点前沿——"凝聚态物理中的马约拉纳费米子研究"

标准模型中，基本粒子可分为费米子（包括夸克和轻子）和玻色子（包括规范玻色子和希格斯玻色子）。费米子又可分为狄拉克、外尔和马约拉纳三种费米子，其区别是：狄拉克费米子有质量，外尔费米子没有质量，马约拉纳费米子的反粒子是其本身。自1937年意大利物理学家埃托雷·马约拉纳提出理论预言以来，马约拉纳费米子一直是粒子物理的重要研究问题，但迄今为止，还没有在实验中探测到马约拉纳费米子的存在。近年来，马约拉纳费米子在凝聚态物理中取得了实质性的重要进展。例如，2012年，荷兰代尔夫特理工大学等报道了在一维系统（锑化铟纳米线）中发现马约拉纳费米子态存在的证据，并引发了广泛的讨论；2016年，上海交通大学等报道了在二维系统中发现马约拉纳费米子态存在的证据。马约拉纳费米子研究将有助于拓扑量子计算的实现，因而成为凝聚态物理的研究热点。

在这个热点前沿中，美国表现最活跃（表8.4），参与了50篇核心论文中的29篇，占核心论文总量的58.0%。丹麦、德国、荷兰等也有不错的表现。参与核心论文最多的机构中，来自美国的有6所，荷兰有2所，丹麦、西班牙、德国、法国、瑞士各有1所。丹麦的哥本哈根大学、美国的哈佛大学、荷兰的代尔夫特理工大学、美国的加州大学圣塔芭芭拉分校是排名前4的机构。

表8.4 "凝聚态物理中的马约拉纳费米子研究"研究前沿中核心论文的Top产出国家和机构

排名	国家	核心论文/篇	比例/%	排名	机构	国家	核心论文/篇	比例/%
1	美国	29	58.0	1	哥本哈根大学	丹麦	16	32.0
2	丹麦	16	32.0	2	哈佛大学	美国	9	18.0
3	德国	11	22.0	3	代尔夫特理工大学	荷兰	8	16.0
4	荷兰	10	20.0	4	加州大学圣塔芭芭拉分校	美国	7	14.0
5	西班牙	6	12.0	5	西班牙科学研究委员会	西班牙	5	10.0
6	瑞士	5	10.0	6	维尔茨堡大学	德国	5	10.0
6	中国	5	10.0	7	法国国家科学研究中心	法国	4	8.0
6	日本	5	10.0	7	埃因霍温工业大学	荷兰	4	8.0
6	法国	5	10.0	7	巴塞尔大学	瑞士	4	8.0
10	加拿大	3	6.0	7	微软公司	美国	4	8.0
10	瑞典	3	6.0	7	普林斯顿大学	美国	4	8.0
				7	马里兰大学帕克分校	美国	4	8.0
				7	西弗吉尼亚大学	美国	4	8.0

该前沿施引论文Top国家中，美国最为活跃，参与的施引论文有656篇，占施引论文总量的31.5%。中国和德国紧随其后。施引论文总量排名前10的机构中，

法国国家科学研究中心的施引论文最多，为 134 篇，占施引论文总量的 6.4%，随后是中国科学院、哥本哈根大学和马里兰大学帕克分校（表 8.5）。

表 8.5 "凝聚态物理中的马约拉纳费米子研究"研究前沿中施引论文的 Top 产出国家和机构

排名	国家	施引论文/篇	比例/%	排名	机构	国家	施引论文/篇	比例/%
1	美国	656	31.5	1	法国国家科学研究中心	法国	134	6.4
2	中国	429	20.6	2	中国科学院	中国	120	5.8
3	德国	374	18.0	3	哥本哈根大学	丹麦	100	4.8
4	日本	163	7.8	4	马里兰大学帕克分校	美国	96	4.6
5	法国	156	7.5	5	巴塞尔大学	瑞士	82	3.9
6	瑞士	151	7.3	5	美国能源部	美国	82	3.9
7	荷兰	145	7.0	7	马普学会	德国	80	3.8
8	俄罗斯	116	5.6	8	俄罗斯科学院	俄罗斯	74	3.6
9	西班牙	111	5.3	9	代尔夫特理工大学	荷兰	73	3.5
10	丹麦	109	5.2	10	意大利国家研究委员会	意大利	68	3.3

8.2 新兴前沿及重点新兴前沿解读

8.2.1 新兴前沿概述

物理学领域有 2 项研究入选新兴前沿，一个聚焦理论物理领域量子多体系统研究的新方法，即"基于无时序相关函数的量子多体系统研究"，一个侧重于高能物理领域探索新物理的模型研究，即"B 介子反常研究"（表 8.6）。

表 8.6 物理学领域的 2 个新兴前沿

序号	新兴前沿	核心论文/篇	被引频次	核心论文平均出版年
1	基于无时序相关函数的量子多体系统研究	6	133	2017.8
2	B 介子反常研究	7	147	2017.7

8.2.2 重点新兴前沿——"B 介子反常研究"

希格斯玻色子发现后，探索超出标准模型的新物理已成为物理学界最重要的目标之一。这些探索包括了搜寻新的重粒子、暗物质探测、中微子实验以及味物理的精确测量等。近年来，味物理的研究在探索新物理中发挥了重要的作用。B 介子是指由反底夸克和另一种夸克（可以是上夸克、下夸克、奇夸克或粲夸克）组成的介子。味物理中，B 介子的弱衰变是一个重要的研究方向。近年，欧洲核子研究中心大型强子对撞机（LHC）的底夸克实验和美国斯坦福大学的B介子实验（BABAR）观测到一些B介子反常的现象，显现出与标准模型的预期结果偏离的迹象，为了解释这些反常现象，物理学家提出了许多方案，但目前还没有一个方案能完全让人信服。因此，物理学家努力提出更多自洽的新物理模型。这个新兴前沿中的核心论文主要包括了近两年受关注较多的B介子反常新物理模型研究。

第9章 天文学与天体物理学

9.1 热点前沿及重点热点前沿解读

9.1.1 天文学与天体物理学领域Top10热点前沿发展态势

天文学与天体物理学领域Top10热点前沿涵盖了引力波、原行星盘、快速射电暴、哈勃常数、高能中微子、伽马射线、宇宙流体动力学模拟、宇宙早期暗淡星系等研究主题。引力波无疑是2019年最为亮眼的研究主题，涌现出"对双中子星并合引力波事件GW170817的多信使观测"、"对双黑洞并合引力波事件的观测和理论研究"和"标量–张量引力修正理论及引力波事件的影响"3个热点前沿。此外，天文学与天体物理学领域的热点前沿依旧体现出与空间科学任务平台高度相关的特点，哈勃常数、高能中微子和伽马射线、宇宙早期暗淡星系等长期备受关注的研究主题再次上榜（表9.1、图9.1）。

表9.1 天文学与天体物理学领域Top10热点前沿

排名	热点前沿	核心论文/篇	被引频次	核心论文平均出版年
1	对双中子星并合引力波事件GW170817的多信使观测	37	2462	2017.3
2	标量–张量引力修正理论及引力波事件的影响	26	2030	2016.6
3	基于"阿塔卡马大型毫米/亚毫米波阵列"（ALMA）、"甚大望远镜"（VLT）等对原行星盘的观测研究	20	1780	2016.1
4	对双黑洞并合引力波事件的观测和理论研究	6	4614	2016
5	快速射电暴的观测和理论研究	21	2273	2016
6	通过多种方法测量哈勃常数	15	3154	2015.5
7	南极"冰立方中微子天文台"（IceCube）和"费米伽马射线空间望远镜"对高能中微子和伽马射线的观测研究	25	3896	2015.1

续表

排名	热点前沿	核心论文/篇	被引频次	核心论文平均出版年
8	对银心伽马射线超出现象的多种理论解释	20	2903	2014.8
9	利用宇宙流体动力学模拟方法研究星系形成演化	11	3094	2014.7
10	利用"哈勃空间望远镜"（HST）开展宇宙早期暗淡星系性质研究	16	2736	2014.6

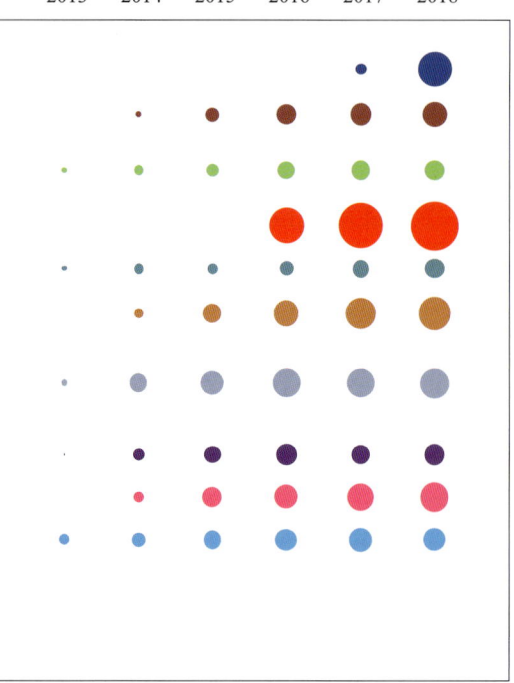

图 9.1　天文学与天体物理学领域 Top10 热点前沿的施引论文发展态势

9.1.2　重点热点前沿——"对双中子星并合引力波事件 GW170817 的多信使观测"

致密星体在过去的几十年一直都是高能天体物理的主要研究对象，包括白矮星、中子星和黑洞等。1974 年，美国科学家 R. A. Hulse 和 J. H. Taylor 首次观测到双中子星系统 PSR1913+16。对该系统的长期观测发现其双星绕转轨道周期的变化和广义相对论预言的引力波辐射能量损失的结果一致，从而首次间接证明了引力波的存在。R. A. Hulse 和 J. H. Taylor 也因这一发现荣获 1993 年的诺贝尔物理学奖。

2017 年 8 月 17 日，"激光干涉仪引力波天文台"（LIGO）和"室女座引力波探测器"（Virgo）探测到了一个持续时间为 100 秒左右的新引力波信号，其形式与两个中子星的并合一致。随后，包括美国国家航空航天局"费米伽马射线空间望远镜"（FGST）、欧洲航天局"国际伽马射线天体物理实验室"（INTEGRAL）、"哈勃空间望远镜"（HST）和中国"硬X射线调制望远镜"（HXMT）等在内的70余个地基和天基天文台的联合密集观测确定了该引力波的宿主星系，获得了丰富的多波段电磁对应体数据。这些观测对这一灾变性事件提供了从并合前约100秒到并合后数星期的全面描述，最终证实此次被命名为GW170817的引力波事件由距太阳系约1.3亿光年的两个质量分别为1.1个和1.6个太阳质量的双中子星并合所产生。对双中子星并合事件的引力波和电磁波联合观测取得了多项重大进展，这一里程碑事件入选《科学》2017年度全球"十大科学突破"，正式打开了以多种观测方式为特点的多信使天文学（multi-messenger astronomy）的大门。

热点前沿"对双中子星并合引力波事件GW170817的多信使观测"包括37篇核心论文。其中一篇核心论文由4600余位作者合作完成，揭示了对双中子星并合引力波事件GW170817的首次观测，从而引发了天文学界对这一事件的研究热潮。其余的核心论文聚焦在对该事件的引力波和电磁波联合观测并取得了多项重大研究突破，包括解释了一些短时伽马射线暴的起源、证实千新星（kilonova）的存在以及确认大部分（甚至有可能是全部）重金属元素（银、金、铂等）由中子星并合事件中的r过程产生。

从核心论文的产出国家和机构来看，作为可对双中子星并合引力波事件开展观测的天基、地基设施的主要资助国家，美国在该领域的表现最为突出，参与了近九成核心论文的研究工作，核心论文产出Top机构更是几乎被美国包揽。英国、澳大利亚、意大利、以色列、德国等在该领域也有较好表现，德国马普学会以及以色列特拉维夫大学则是两个进入核心论文产出Top10机构的非美国机构。中国尽管也参与了该热点前沿的研究，但是还未能产出高影响力的研究成果（表9.2）。

表9.2 "对双中子星并合引力波事件GW170817的多信使观测"研究前沿中核心论文的Top产出国家和机构

排名	国家	核心论文/篇	比例/%	排名	机构	国家	核心论文/篇	比例/%
1	美国	33	89.2	1	美国能源部	美国	17	45.9
2	英国	15	40.5	2	哥伦比亚大学	美国	13	35.1
3	澳大利亚	13	35.1	2	西北大学	美国	13	35.1
3	意大利	13	35.1	2	空间望远镜科学研究所	美国	13	35.1
5	以色列	12	32.4	5	加州大学伯克利分校	美国	12	32.4
6	德国	10	27.0	6	美国国家航空航天局	美国	11	29.7
6	智利	10	27.0	6	哈佛大学	美国	11	29.7

续表

排名	国家	核心论文/篇	比例/%	排名	机构	国家	核心论文/篇	比例/%
8	丹麦	9	24.3	8	约翰斯·霍普金斯大学	美国	10	27.0
9	日本	7	18.9	8	史密松学会	美国	10	27.0
9	印度	7	18.9	8	加州理工学院	美国	10	27.0
9	荷兰	7	18.9	8	马普学会	德国	10	27.0
9	西班牙	7	18.9	8	特拉维夫大学	以色列	10	27.0

在施引论文方面，美国仍处于优势地位，产出了超过一半的施引论文（52.3%）。中国在该热点前沿积极跟进，施引论文数量与英国相当，占到20.5%的比例。施引论文Top10产出机构中，美国机构有4家，意大利2家，德国、法国、中国、日本各1家，意大利国家核物理研究院、德国马普学会和法国国家科学研究中心施引论文数量位列前3，中国科学院以62篇施引论文，与美国能源部并列第5位（表9.3）。

表9.3 "对双中子星并合引力波事件GW170817的多信使观测"研究前沿中施引论文Top10产出国家和机构

排名	国家	施引论文/篇	比例/%	排名	机构	国家	施引论文/篇	比例/%
1	美国	336	52.3	1	意大利国家核物理研究院	意大利	80	12.4
2	英国	135	21.0	2	马普学会	德国	78	12.1
3	中国	132	20.5	3	法国国家科学研究中心	法国	71	11.0
4	意大利	118	18.4	4	意大利国家天体物理研究所	意大利	63	9.8
5	日本	115	17.9	5	美国能源部	美国	62	9.6
6	德国	124	19.3	5	中国科学院	中国	62	9.6
7	法国	77	12.0	7	加州理工学院	美国	53	8.2
8	澳大利亚	67	10.4	8	美国国家航空航天局	美国	47	7.3
9	以色列	66	10.3	9	东京大学	日本	46	7.2
10	西班牙	60	9.3	10	哥伦比亚大学	美国	43	6.7

9.1.3 重点热点前沿——"对双黑洞并合引力波事件的观测和理论研究"

2016年2月11日，LIGO团队召开新闻发布会，宣布人类第一次直接探测到引力波，一举证实了爱因斯坦于百年前做出的关于引力波存在的重要预言，标志着天文学研究打开了一扇全新的"引力波窗口"，迈入了引力波天体物理学纪元。引力波的探测是人类科学史上的重要事件，

2017年诺贝尔物理学奖即授予了对LIGO项目和发现引力波做出重大贡献的3位科学家。

"对双黑洞并合引力波事件的观测和理论研究"热点前沿包括6篇核心论文,其中2篇分别是首次及第二次观测到双黑洞并合释放出的引力波(即引力波事件GW150914和GW151226),其余4篇围绕两次引力波事件,探讨双黑洞并合的性质,开展理论解释,并基于引力波事件测试广义相对论。6篇论文总被引高达4614次,是天文学与天体物理学领域Top10热点前沿中总被引频次和篇均被引频次均为最高的热点前沿。

从核心论文的产出国家和机构来看,该热点前沿充分体现出大科学计划的国际合作特点。LIGO由美国国家科学基金会资助,由加州理工学院和麻省理工学院负责运行,引力波探测和技术研发工作由LIGO科学合作组完成,包括来自美国等18个国家/地区、100多个研究机构的千余名科学家。此外,Virgo合作组也参与了LIGO的数据分析工作,该合作组包括来自法国等8个欧洲国家的300多名科学家。在该热点前沿的6篇核心论文中,有5篇论文由LIGO科学合作组和Virgo合作组作为团体作者合作完成,另1篇论文由蒙大拿州立大学和普林斯顿大学合作完成。

在施引论文方面(表9.4),美国处于绝对领先地位,以1108篇施引论文遥遥领先排名第二的英国(530篇),德国、中国、意大利等也表现不俗。施引论文Top产出机构中,美国有4家,法国有2家,德国、意大利、中国、日本各1家,德国马普学会、法国国家科学研究中心和意大利国家核物理研究院位列前3。

表9.4 "对双黑洞并合引力波事件的观测和理论研究"研究前沿中施引论文的Top产出国家和机构

排名	国家	施引论文/篇	比例/%	排名	机构	国家	施引论文/篇	比例/%
1	美国	1108	38.8	1	马普学会	德国	286	10.0
2	英国	530	18.6	2	法国国家科学研究中心	法国	232	8.1
3	德国	513	18.0	3	意大利国家核物理研究院	意大利	221	7.7
4	中国	445	15.6	4	加州理工学院	美国	219	7.7
5	意大利	354	12.4	5	中国科学院	中国	156	5.5
6	日本	326	11.4	5	东京大学	日本	156	5.5
7	法国	280	9.8	7	美国国家航空航天局	美国	143	5.0
8	加拿大	234	8.2	8	麻省理工学院	美国	125	4.4
9	西班牙	215	7.5	9	巴黎萨克雷大学	法国	122	4.3
10	巴西	194	6.8	9	马里兰大学帕克分校	美国	122	4.3

9.2 新兴前沿及重点新兴前沿解读

9.2.1 新兴前沿概述

天文学与天体物理学领域有 3 项研究入选新兴前沿,分别是"昴星团望远镜主焦点相机战略计划及其巡天观测发现"、"基于 21 厘米超精细谱线观测研究早期宇宙中的暗物质"和"基于引力波多信使观测约束中子星的质量、半径和状态方程"(表 9.5),下面将选择第 2 个新兴前沿进行重点解读。

表 9.5 天文学与天体物理学领域的 3 个新兴前沿

序号	新兴前沿	核心论文/篇	被引频次	核心论文平均出版年
1	昴星团望远镜主焦点相机战略计划及其巡天观测发现	16	491	2018
2	基于 21 厘米超精细谱线观测研究早期宇宙中的暗物质	8	173	2018
3	基于引力波多信使观测约束中子星的质量、半径和状态方程	8	267	2017.8

9.2.2 重点新兴前沿——"基于 21 厘米超精细谱线观测研究早期宇宙中的暗物质"

人类对宇宙演化的认知在最近的数十年间获得了极大丰富,通过对宇宙初始状态和当前状态的观测形成了关于宇宙演化的基本图景。然而对其中间过程,特别是诞生了第一批恒星和星系的最初 10 亿年间的历史仍缺乏了解。为了观测到这一段历史,科学家们积极致力于建造涵盖各类波长、更大、更灵敏的望远镜,另一种替代方法则是基于中性氢 21 厘米谱线开展观测。

氢原子在两条非常接近的基态能级之间跃迁会发出或吸收一个波长在 21 厘米的光子,在光谱中留下 21 厘米发射线或吸收线。21 厘米谱线很难在实验室里观测到,但在天文观测方面得到了重要应用,成为揭秘宇宙演化历史的显形灯,为了解红移在 1~150 的宇宙性质提供了一个新窗口,填补了对第一批恒星和星系形成时期的观测空白,有望极大增进人类对宇宙的理解。

构成该新兴前沿的 8 篇核心论文重点围绕 21 厘米超精细谱线观测开展研究,内容包括基于 21 厘米谱线观测揭示重子和暗物质粒子之间可能的相互作用,表明 21 厘米宇宙学可用于探测暗物质;探讨通过 21 厘米信号来约束暗物质的湮没和衰减;研究利用 21 厘米谱线观测揭示宇宙微波背景辐射谱中的新的物理模型;以及建议未来 21 厘米谱线计算应包括可能的早期无线电背景等。

第 10 章 数学、计算机科学与工程学

10.1 热点前沿及重点热点前沿解读

10.1.1 数学、计算机科学与工程学领域 Top10 热点前沿发展态势

数学、计算机科学与工程学领域 Top10 热点前沿主要集中于高阶非线性薛定谔方程孤子解求解及应用、基于多种理论的决策方法研究、时滞系统稳定性分析方法、无人机中继网络的部署和轨迹优化、云计算环境中的数据安全、非正交多路访问网络、水下瞬态空化湍流的数值模拟、高温构件寿命预测及可靠性评估、电动汽车用锂离子电池的荷电状态估计、Ga_2O_3 材料生长及器件研制等主题的研究。与 2013~2018 年相比，2019 年 Top10 热点前沿既有延续又有发展。非线性方程求解及其应用问题连续多年入选本领域的热点前沿或新兴前沿。决策方法研究、时滞系统稳定性分析方法研究、电动汽车用锂离子电池状态估计也是历年研究前沿中的重要研究主题。其余的热点前沿均为首次入选的热点前沿（表 10.1、图 10.1）。

表 10.1 数学、计算机科学与工程学领域 Top10 热点前沿

排名	热点前沿	核心论文/篇	被引频次	核心论文平均出版年
1	高阶非线性薛定谔方程孤子解求解及其在光通信领域的应用	46	1122	2017.3
2	基于 D 数理论、DEMATEL 方法以及 TOPSIS 理论的决策方法研究	48	2070	2016.7
3	水下瞬态空化湍流的数值模拟研究	32	1233	2016.6
4	无人机中继网络的部署和轨迹优化	21	1086	2016.6
5	时滞系统稳定性分析方法研究	22	975	2016.6
6	高温构件寿命预测及可靠性评估	21	775	2016.6

续表

排名	热点前沿	核心论文/篇	被引频次	核心论文平均出版年
7	Ga_2O_3 材料生长及器件研制	32	1901	2016.5
8	云计算环境中的数据安全研究	43	7221	2016.1
9	非正交多路访问网络	47	3525	2016.1
10	电动汽车用锂离子电池的荷电状态估计	45	2340	2016.1

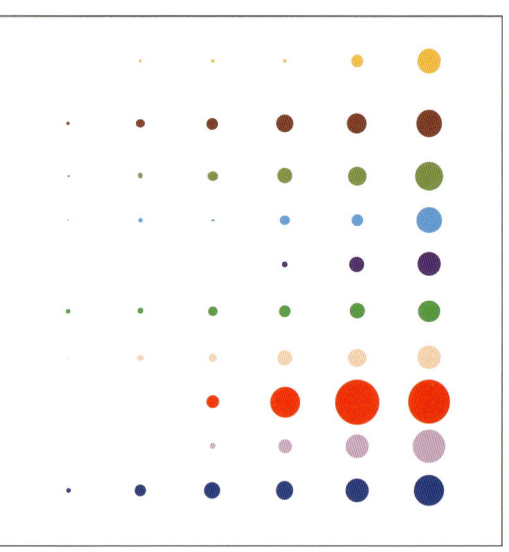

图 10.1　数学、计算机科学与工程学领域 Top10 热点前沿的施引论文发展态势

10.1.2　重点热点前沿——"云计算环境中的数据安全研究"

随着分布式计算、并行计算、虚拟化、均衡负载等传统计算机技术和网络技术的发展，2006 年，谷歌公司首次提出"云计算"这一概念。云计算是继计算机、互联网之后信息时代的又一次革新和飞跃，未来的时代可能是云计算的时代。虽然目前有关云计算的定义很多，但概括来说，云计算的基本含义是一致的，即云计算具有很强的扩展性和需要性，可以为用户提供一种全新的体验，云计算的核心是可以将很多的计算机资源协调在一起，因此，使用户通过网络就可以获取到无限的资源，同时获取的资源不受时间和空间的限制。云计算自提出以来，便得到业界的广泛关注和支持，利用云计算服务，企业只需向云服务提供商申请适量的资源，按需付费就能处理其日常业务，大大降低了其运营成本。

随着云计算服务商业模式的逐渐成熟，在云服务器端上部署应用及服务已经成为一个趋势。但由于人们对网络的过度依赖和网络自身固有的脆弱性，网络面临着前所未有的安全问题，特别是存储在云服务器中的各种数据资源和用户隐私信息，如信息的非法拷贝、伪造或篡改，软件代码的非法盗用和电子商务信息的冒名盗用、篡改等一系列问题。这些问题对云计算中的网络及数据安全提出了极大的考验。近年来，不少知名公有云频繁遭受黑客攻击造成数据泄露事件。因此，如何保证云计算的安全性和可靠性，已成为该领域亟待解决的核心问题。

热点前沿"云计算环境中的数据安全研究"包括43篇核心论文，聚焦在云计算环境下的基于语义特征的文档检索方案、加密图像检索技术、数据存储安全、访问控制方案、高效任务分配策略、图像数字水印技术研究等。

中国主导或参与了全部43篇核心论文的研究工作，美国、加拿大、韩国的核心论文数量分别第2、3、4位，均贡献了超过10%的核心论文。Top产出机构方面，中国机构的表现亮眼，南京信息工程大学通过与多个国家的研究机构合作参与了全部核心论文的工作，中国科学院、香港城市大学也分别参与贡献了3篇核心论文。除此之外，美国、加拿大以及韩国的研究机构也位列核心论文Top产出结构（表10.2）。

表10.2 "云计算环境中的数据安全研究"研究前沿中核心论文的Top产出国家/地区和机构

排名	国家/地区	核心论文/篇	比例/%	排名	机构	国家	核心论文/篇	比例/%
1	中国（不含台湾数据）	43	100.0	1	南京信息工程大学	中国	43	100.0
2	美国	10	23.3	2	温莎大学	加拿大	4	9.3
3	加拿大	6	14.0	3	中国科学院	中国	3	7.0
4	韩国	5	11.6	3	香港城市大学	中国	3	7.0
5	中国台湾	2	4.7	3	庆熙大学	韩国	3	7.0
5	英国	2	4.7	3	新泽西理工学院	美国	3	7.0
5	法国	2	4.7	3	纽约州立大学布法罗分校	美国	3	7.0
8	爱尔兰	1	2.3	3	阿肯色中央大学	美国	3	7.0
8	沙特阿拉伯	1	2.3					
8	澳大利亚	1	2.3					

从施引论文的角度来看（表10.3），中国的施引论文最多，达1985篇，占全部施引论文的88.3%。美国的施引论文位列第2，占16.3%。施引论文Top10机构全部来自中国，南京信息工程大学、中国科学院、西安电子科技大学、武汉大学、南京邮电大学是施引论文数量最多的5所机构。

表 10.3 "云计算环境中的数据安全研究"研究前沿中施引论文的 Top10 产出国家／地区和机构

排名	国家／地区	施引论文／篇	比例／%	排名	机构	国家	施引论文／篇	比例／%
1	中国（不含台湾数据）	1985	88.3	1	南京信息工程大学	中国	621	27.6
2	美国	366	16.3	2	中国科学院	中国	206	9.2
3	印度	116	5.2	3	西安电子科技大学	中国	101	4.5
4	澳大利亚	92	4.1	4	武汉大学	中国	91	4.0
5	英国	90	4.0	5	南京邮电大学	中国	87	3.9
6	中国台湾	82	3.6	6	北京邮电大学	中国	84	3.7
7	韩国	80	3.6	7	湖南大学	中国	74	3.3
8	加拿大	77	3.4	8	中国矿业大学	中国	61	2.7
9	沙特阿拉伯	60	2.7	9	东南大学	中国	52	2.3
10	新加坡	45	2.0	10	电子科技大学	中国	51	2.3

10.1.3 重点热点前沿——"电动汽车用锂离子电池的荷电状态估计"

作为电动汽车发展的核心技术之一的动力电池管理系统（BMS）是电动汽车产业化的关键。准确进行电池荷电状态（SoC）的估计以及高效的电池均衡控制对最大限度地发挥电池效率、提高电池使用寿命、提升整车性能具有重要意义。

目前常用的 SoC 估计方法是使用卡尔曼滤波器进行基于模型的在线迭代估计，通过建立电池的等效电路模型来分析电池外部特性从而计算荷电状态。因此，将精确的电池模型与非线性滤波算法相结合，就成为研究 SoC 估计算法的热点和趋势。而该研究前沿的核心论文就体现了这一趋势。一方面，这些论文在建模时分别考虑了不同电池老化水平、环境温度和充放电效率等因素，在测量手段和电池模型参数辨识方法上进行深入研究，比如通过电化学方程改进集总参数电池模型、建立结合开路电压（OCV）-SoC 温度表的温度模型。另一方面，为了提高卡尔曼滤波器在 SoC 估计中的性能，开发了多尺度扩展卡尔曼滤波、采用协方差匹配方法的自适应扩展卡尔曼滤波等，在保证精确性的同时降低算法的复杂性，以利于工程应用。

从该研究前沿的核心论文产出国家和机构来看，共有 10 个国家参与发表 45 篇核心论文。其中，中国的表现最为活跃，参与发表的核心论文数达到核心论文总数的 80.0%。美国和澳大利亚分列第 2、3 位，新加坡和瑞典紧随其后。从机构来看，中国的北京理工大学参与发表核心论文数遥遥领先，达到 20 篇。其次为重庆大学和新加坡南洋理工大学，中国科学院和香港城市大学也榜上有名（表 10.4）。

表 10.4 "电动汽车用锂离子电池的荷电状态估计"研究前沿中核心论文的 Top 产出国家和机构

排名	国家	核心论文/篇	比例/%	排名	机构	国家	核心论文/篇	比例/%
1	中国	36	80.0	1	北京理工大学	中国	20	44.4
2	美国	13	28.9	2	重庆大学	中国	7	15.6
3	澳大利亚	9	20.0	3	南洋理工大学	新加坡	6	13.3
4	新加坡	6	13.3	4	马里兰大学帕克分校	美国	5	11.1
5	瑞典	5	11.1	4	密歇根大学	美国	5	11.1
6	英国	1	2.2	4	查尔姆斯理工大学	瑞典	5	11.1
6	南非	1	2.2	4	中国科学院	中国	5	11.1
6	法国	1	2.2	8	斯威本科技大学	澳大利亚	4	8.9
6	伊朗	1	2.2	9	悉尼科技大学	澳大利亚	3	6.7
6	意大利	1	2.2	9	香港城市大学	中国	3	6.7

从该研究前沿的施引论文情况来看（表 10.5），中国是该领域最活跃的国家，参与发表 617 篇论文，占施引论文总数的 59.9%。其次为美国和英国。在施引论文 Top10 机构中，中国机构占了 8 席，北京理工大学仍是排名第一。新加坡南洋理工大学和美国密歇根大学也有所体现。

表 10.5 "电动汽车用锂离子电池的荷电状态估计"研究前沿中施引论文的 Top10 产出国家和机构

排名	国家	施引论文/篇	比例/%	排名	机构	国家	施引论文/篇	比例/%
1	中国	617	59.9	1	北京理工大学	中国	121	11.7
2	美国	174	16.9	2	清华大学	中国	66	6.4
3	英国	58	5.6	3	中国科学院	中国	61	5.9
4	韩国	49	4.8	4	哈尔滨工业大学	中国	35	3.4
5	澳大利亚	44	4.3	5	北京交通大学	中国	30	2.9
6	加拿大	42	4.1	6	南洋理工大学	新加坡	28	2.7
7	新加坡	40	3.9	7	密歇根大学	美国	27	2.6
8	德国	36	3.5	8	上海交通大学	中国	26	2.5
9	法国	31	3.0	9	北京航空航天大学	中国	24	2.3
10	瑞典	26	2.5	10	重庆大学	中国	23	2.2

10.2 新兴前沿及重点新兴前沿解读

10.2.1 新兴前沿概述

数学、计算机科学与工程学领域有5项研究入选新兴前沿，分别是数学领域的"时间分数阶发展方程求解"、"基于最小二乘的迭代参数估计算法及其应用"和"马尔可夫跳跃系统的H^∞控制"，计算机科学领域的"卷积神经网络在磁共振图像处理中的应用"以及工程学领域的"工业传感器网络及智能城市等"（表10.6），下面对"卷积神经网络在磁共振图像处理中的应用"进行重点解读。

表10.6　数学、计算机科学与工程学领域的5个新兴前沿

序号	新兴前沿	核心论文/篇	被引频次	核心论文平均出版年
1	工业传感器网络及智能城市等	45	939	2017.9
2	卷积神经网络在磁共振图像处理中的应用	9	156	2017.8
3	时间分数阶发展方程求解	8	139	2017.8
4	基于最小二乘的迭代参数估计算法及其应用	22	404	2017.6
5	马尔可夫跳跃系统的H^∞控制	12	357	2017.6

10.2.2 重点新兴前沿——"卷积神经网络在磁共振图像处理中的应用"

深度学习是机器学习的一个分支，近年来在计算机视觉领域取得了令人瞩目的成果，特别是卷积神经网络（CNN）在图像识别与检测问题上取得了重大的突破。卷积神经网络由多个卷积层构成，可以自动从大量数据中学习不同的特征表达，识别出复杂的数据结构，捕捉输入与输出之间的非线性映射关系，不再依赖于手动提取特征，与传统机器学习方法相比具有更强大的特征学习和特征表达能力。

磁共振成像（MRI）技术可以无损地揭示内部组织器官的结构、代谢和功能。在过去20年里，这种成像技术对诊断影像产生了革命性的影响，能够为临床提供高质量、安全的医学影像。深度卷积神经网络的热潮也席卷了磁共振图像处理领域，其应用聚焦在磁共振图像的重建、分割、分类、疾病检测、诊断以及脑医学等领域。

2019年度新兴前沿"卷积神经网络在磁共振图像处理中的应用"研究了基于卷积神经网络的脑部、肌肉骨骼、神经等磁共振图像的分割、校正新方案，对广泛的神经退行性疾病的诊断、进展评估和治疗具有重要意义。其中香港中文大学、中国科学院深圳先进技术研究院、香港理工大学合作贡献了1篇核心论文，提出了一种新颖的体素残差网络（VoxResNet）方法，通过将残差学习引入体积数据处理来应对3D磁共振图像中关键脑组织分割的挑战性问题，应用效果显著。

第 11 章 经济学、心理学及其他社会科学

11.1 热点前沿及重点热点前沿解读

11.1.1 经济学、心理学及其他社会科学领域 Top10 热点前沿发展态势

2019 年经济学、心理学及其他社会科学领域 Top10 热点前沿主要集中在心理学、商业经济、能源与环境经济领域及其一些研究方法上。其中，心理学领域有"智能手机成瘾的原因及对人身心健康的负面影响""大脑功能结构及连接模式的 fMRI 研究方法""社会隔离（孤立）对人身心健康的影响"。

在商业经济领域，大数据分析在管理中的应用继 2018 年之后再次成为 Top10 热点前沿。此外，一些新出现的经济模式成为热点前沿，包括"基于共享社会经济的预测问题研究""共享经济的若干问题研究""在线众筹背景下投资者行为研究"等。

在研究方法方面，"偏好最小二乘结构方程模型（PLS-SEM）及其应用"继 2017 年，再一次进入经济学、心理学及其他社会科学 Top10 热点前沿。除此以外，2019 年热点前沿中另外两个与方法相关的热点前沿集中在能源与环境经济领域，分别是"能源消耗及碳排放的分解分析方法"和"多区域投入产出模型在世界经济和资源环境研究中的应用"，这是自 2013 年研究前沿分析以来投入产出方法第三次出现在 Top10 热点前沿中，前两次分别在 2013 年和 2014 年的 Top10 热点前沿中，应用领域主要是在温室气体排放等相关问题中（表 11.1、图 11.1）。

表 11.1 经济学、心理学及其他社会科学领域 Top10 热点前沿

序号	热点前沿	核心论文/篇	被引频次	核心论文平均出版年
1	基于共享社会经济的预测问题研究	13	893	2016.5
2	共享经济的若干问题研究	27	1414	2016.1
3	智能手机成瘾的原因及对人身心健康的负面影响	21	1136	2016
4	偏好最小二乘结构方程模型（PLS-SEM）及其应用	14	1479	2015.9
5	大数据分析在商业管理中的应用	42	2239	2015.8
6	能源消耗及碳排放的分解分析方法	39	2215	2015.8
7	在线众筹背景下投资者行为研究	25	1310	2015.8
8	大脑功能结构及连接模式的 fMRI 研究方法	10	1147	2015.8
9	多区域投入产出模型在世界经济和资源环境研究中的应用	21	1723	2015.6
10	社会隔离（孤立）对人身心健康的影响	13	1098	2015.6

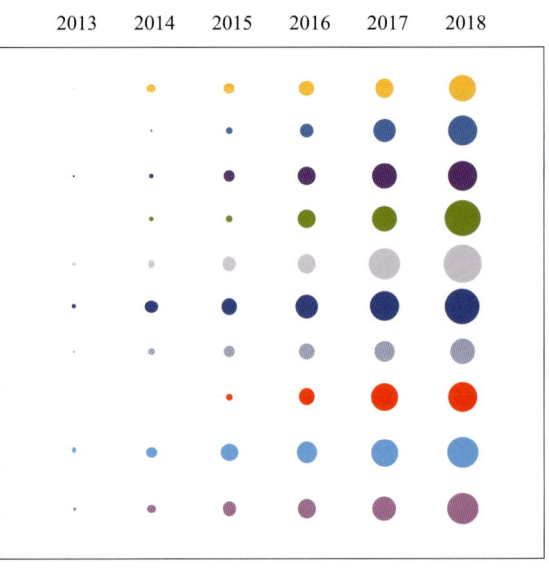

图 11.1 经济学、心理学及其他社会科学领域 Top10 热点前沿的施引论文发展态势

11.1.2 重点热点前沿——"能源消耗及碳排放的分解分析方法"

经济的快速增长导致了大量的二氧化碳等温室气体排放，对环境造成一定的影响。长期以来，经济增长与环境保护（碳减排）之间存在冲突，为了确保在经济发展的前提下采取适当的气候变化减缓行动，有必要深入认识推动温室气体排放增长的关键技术经济因素。

碳排放的分解分析方法主要是利用一

些技术经济分析方法，将碳排放对经济的影响分解为多个方面，从而找到一些关键的技术经济驱动因素。"能源消耗及碳排放的分解分析方法"热点前沿涉及多种能源消耗和碳排放的分解分析方法，包括综合分解方法、结构分解分析法、数据包络分析法、Divisia 指数法等。其中结构分解分析法已被研究人员广泛用于研究一个国家的碳排放或总排放强度随时间的变化，39 篇核心论文中有 18 篇与结构分解分析法相关。其次，指数分解法也是一种重要的分解方法，其中 Divisia 指数法是最为常用的，有 10 篇与其相关。

该热点前沿核心论文中有 23 篇来自中国，占所有论文的 59.0%，新加坡有 14 篇论文，排名第 2。从机构层面看，在 12 家 Top 机构中，其中 10 家是中国机构，其他 2 家机构分别是新加坡国立大学和英国利兹大学。新加坡的 14 篇核心论文全部来自新加坡国立大学，该大学位列核心论文机构的第 1 名。10 家中国机构对核心论文的贡献比较均衡，其中上海财经大学略为突出（表 11.2）。

表 11.2 "能源消耗及碳排放的分解分析方法"研究前沿中核心论文的 Top 产出国家和机构

排名	国家	核心论文/篇	比例/%	排名	机构	国家	核心论文/篇	比例/%
1	中国	23	59.0	1	新加坡国立大学	新加坡	14	35.9
2	新加坡	14	35.9	2	上海财经大学	中国	5	12.8
3	英国	3	7.7	3	中南大学	中国	4	10.3
4	美国	2	5.1	4	中国矿业大学	中国	3	7.7
4	荷兰	2	5.1	4	中国石油大学	中国	3	7.7
4	日本	2	5.1	4	安徽财经大学	中国	3	7.7
7	黑山	1	2.6	4	上海交通大学	中国	3	7.7
7	秘鲁	1	2.6	8	南京航空航天大学	中国	2	5.1
7	西班牙	1	2.6	8	复旦大学	中国	2	5.1
7	澳大利亚	1	2.6	8	北京理工大学	中国	2	5.1
7	奥地利	1	2.6	8	利兹大学	英国	2	5.1
7	智利	1	2.6	8	中国科学院	中国	2	5.1

从施引论文来看，中国以 885 篇施引论文位居首位，占所有施引论文的 75.8%，是位居第 2 的美国施引论文的近 6 倍，英国以 109 篇施引论文排名第 3 位。这说明中国对该前沿最为关注，其次是美国和英国。在机构层面，施引论文最多的 Top 机构中有 8 所是中国机构，其中中国科学院是施引论文最多的机构，有 147 篇，占所有施引论文的 12.6%。新加坡国立大学和英国东安格利亚大学分别以 55 篇和 47 篇施引论文排名第 7 和第 8 位（表 11.3）。

表 11.3 "能源消耗及碳排放的分解分析方法"研究前沿中施引论文 Top 产出国家和机构

排名	国家	施引论文/篇	比例/%	排名	机构	国家	施引论文/篇	比例/%
1	中国	885	75.8	1	中国科学院	中国	147	12.6
2	美国	155	13.3	2	北京理工大学	中国	84	7.2
3	英国	109	9.3	3	北京师范大学	中国	72	6.2
4	新加坡	57	4.9	4	中国矿业大学	中国	69	5.9
5	澳大利亚	55	4.7	5	清华大学	中国	68	5.8
6	西班牙	54	4.6	6	北京大学	中国	60	5.1
7	日本	46	3.9	7	新加坡国立大学	新加坡	55	4.7
8	荷兰	23	2.0	8	东安格利亚大学	英国	47	4.0
9	德国	22	1.9	9	华北电力大学	中国	42	3.6
10	挪威	21	1.8	9	厦门大学	中国	42	3.6

11.1.3 重点热点前沿——"大脑功能结构及连接模式的 fMRI 研究方法"

识别个体大脑独特功能结构的能力是个性化医疗和理解人类认知与行为变异的神经基础的关键一步,静息状态功能连接(RSFC)模式可以非侵入性地识别皮质区域之间假定边界的位置,准确地预测大脑活动的个体差异,并突出显示大脑连接和功能之间的耦合。静息状态功能磁共振成像(resting-state fMRI)作为研究静息下人脑自发脑功能活动的重要手段,能在个体水平上准确地绘制个体大脑的功能结构及连接模式,成为该问题的重要研究方法。该热点前沿的核心论文均是关于利用静息状态 fMRI 的研究手段识别大脑功能结构及连接模式,并对个体认知差异和注意力等方面的研究进行了实证研究。

该热点前沿核心论文中有 9 篇来自美国,占所有论文的 90.0%,英国有 3 篇论文,排名第 2。在 Top 机构中,除了英国的牛津大学外,其他的机构均为美国机构,包括耶鲁大学、圣路易斯华盛顿大学、哈佛大学和马萨诸塞州综合医院。其中耶鲁大学贡献了 40.0% 的核心论文(表 11.4)。

表 11.4 "大脑功能结构及连接模式的 fMRI 研究方法"研究前沿中核心论文的 Top 产出国家和机构

排名	国家	核心论文/篇	比例/%	排名	机构	国家	核心论文/篇	比例/%
1	美国	9	90.0	1	耶鲁大学	美国	4	40.0
2	英国	3	30.0	2	圣路易斯华盛顿大学	美国	3	30.0
3	奥地利	1	10.0	3	牛津大学	英国	2	20.0
3	中国	1	10.0	3	哈佛大学	美国	2	20.0

续表

排名	国家	核心论文/篇	比例/%	排名	机构	国家	核心论文/篇	比例/%
3	德国	1	10.0	3	马萨诸塞州综合医院	美国	2	20.0
3	以色列	1	10.0					
3	荷兰	1	10.0					

从施引论文来看，美国以 434 篇施引论文位居首位，占所有施引论文的 57.9%，是位居第 2 的英国的施引论文的 3.7 倍。德国和中国分别以 101 篇和 96 篇施引论文位居第 3 和第 4。施引论文 Top 产出机构中全部来自美国、英国、德国，其中美国有 7 家，除了排在第 1 的哈佛大学外，还有圣路易斯华盛顿大学、耶鲁大学、宾夕法尼亚大学、斯坦福大学、马萨诸塞州综合医院和美国国立卫生研究院。英国的牛津大学、伦敦大学和德国的马普学会分别位居第 4、第 6 和第 9（表 11.5）。

表 11.5 "大脑功能结构及连接模式的 fMRI 研究方法"研究前沿中施引论文 Top10 产出国家和机构

排名	国家	施引论文/篇	比例/%	排名	机构	国家	施引论文/篇	比例/%
1	美国	434	57.9	1	哈佛大学	美国	66	8.8
2	英国	118	15.7	2	圣路易斯华盛顿大学	美国	54	7.2
3	德国	101	13.5	3	耶鲁大学	美国	52	6.9
4	中国	96	12.8	4	牛津大学	英国	49	6.5
5	加拿大	61	8.1	5	宾夕法尼亚大学	美国	47	6.3
6	澳大利亚	47	6.3	6	伦敦大学	英国	38	5.1
7	荷兰	45	6.0	6	斯坦福大学	美国	38	5.1
8	意大利	34	4.5	8	马萨诸塞州综合医院	美国	32	4.3
9	法国	32	4.3	9	马普学会	德国	29	3.9
10	日本	25	3.3	10	美国国立卫生研究院	美国	27	3.6

11.2 新兴前沿及重点新兴前沿解读

11.2.1 新兴前沿概述

经济学、心理学及其他社会科学领域有 2 项研究入选新兴前沿，即"多属性（目标）决策的一些新模型"和"工业 4.0 及其影响"。下面选取"工业 4.0 及其影响"做重点解读（表 11.6）。

表 11.6 经济学、心理学及其他社会科学领域的 2 个新兴前沿

序号	新兴前沿	核心论文/篇	被引频次	核心论文平均出版年
1	多属性（目标）决策的一些新模型	6	100	2018
2	工业 4.0 及其影响	9	152	2017.8

11.2.2 重点新兴前沿——"工业 4.0 及其影响"

工业 4.0，也称"第四次工业革命"、"智能制造"、"工业互联网"或"综合产业"，其概念最早由德国在汉诺威工业博览会上提出，随后由德国政府列入《德国 2020 高技术战略》中所提出的十大未来项目之一，其核心目的是提高德国工业的竞争力，在新一轮工业革命中占领先机。

所谓的工业 4.0 是指利用物联信息系统（cyber-physical system，CPS）将生产中的供应、制造、销售信息数据化、智慧化，最后达到快速、有效、个人化的产品供应。德国联邦政府预计为工业 4.0 项目投资 2 亿欧元，旨在提升制造业的智能化水平，建立具有适应性、资源效率及基因工程学的智慧工厂，在商业流程及价值流程中整合客户及商业伙伴，其技术基础是网络实体系统及物联网。

在过去的几年里，工业 4.0 引起了全世界越来越多的关注，并迅速成为经济学、心理学及其他社会科学领域的新兴前沿之一。在该前沿中，主要是对工业 4.0 影响的探讨，很多学者认为工业 4.0 的实施对产业价值创造产生了深远的影响，还有学者通过定性和定量的研究方法揭示了工业 4.0 对企业，尤其是中小企业的影响，认为工业 4.0 为中小企业的工业管理提供了新的范例。在该新兴前沿中，还有学者关注德国工业 4.0 和"中国制造 2025"之间的比较研究，认为二者都是结合最近出现的新技术实现了传统制造业的转型升级。

第12章 2019研究前沿热度指数

科学技术是世界性的、时代性的,发展科学技术必须具有全球视野。当前,科技创新的重大突破和加快应用极有可能重塑全球经济结构,使产业和经济竞争的赛场发生转换。《2019研究前沿》报告遴选出10个学科领域的100个热点前沿和37个新兴前沿,并对重要的前沿进行了解读分析。在《2019研究前沿》报告的基础上,《2019研究前沿热度指数》报告用研究前沿热度指数来揭示世界主要国家在10个领域的100个热点前沿和37个新兴前沿的研究活跃程度,观察世界主要国家在这些研究前沿中的表现和激烈较力的竞争格局。

研究前沿热度指数是衡量研究前沿活跃程度的综合评估指标。由于研究前沿本身是由一簇共高被引的核心论文和后续引用核心论文的施引论文共同组成的,因此,在研究前沿热度指数的设计中,同时从核心论文、施引论文的数量和被引频次的份额角度,设计贡献度和影响度两个指标,二者加和构成研究前沿热度指数,逻辑模型如图12.1所示。

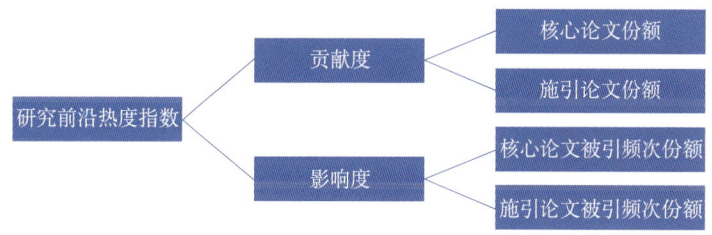

图12.1 研究前沿热度指数逻辑模型

(1)研究前沿热度指数可以针对特定研究前沿、特定学科或主题领域研究前沿群组和年度10个学科领域研究前沿整体,测度相关国家、机构、实验室、团队以及科学家个人等的表现。本书从10个学科领域整体、各学科领域和特定研究前沿度量了国家研究前沿热度指数，揭示了各国在《2019研究前沿》报告的137个研究前沿的三个层面的基础研究活跃程度。国家研究前沿热度指数的计算方法如下：

① 国家研究前沿热度指数

国家研究前沿热度指数 = 国家贡献度 + 国家影响度

② 国家贡献度和国家影响度

国家贡献度是一个国家对研究前沿贡献的论文数量的相对份额，包括国家参与发表的核心论文占前沿中所有核心论文的份额，以及施引论文占前沿中所有施引论文的份额，具体计算方法如下：

国家贡献度 = 国家核心论文份额 + 国家施引论文份额

国家影响度是一个国家对研究前沿贡献的论文被引频次的相对份额，包括国家参与发表的核心论文的被引频次占前沿中所有核心论文的被引频次的份额，以及施引论文的被引频次占前沿中所有施引论文被引词频次的份额，具体计算方法如下：

国家影响度 = 国家核心论文被引频次份额 + 国家施引论文被引频次份额

③ 国家核心论文份额、国家施引论文份额、国家核心论文被引频次份额和国家施引论文被引频次份额，具体计算方法如下：

国家核心论文份额 = 国家核心论文数 / 前沿核心论文总数

国家施引论文份额 = 国家施引论文数 / 前沿施引论文总数

国家核心论文被引频次份额 = 国家核心论文被引频次 / 前沿核心论文被引频次

国家施引论文被引频次份额 = 国家施引论文被引频次 / 前沿施引论文被引频次

（2）国家研究前沿热度指数测度分析

依次从研究前沿、领域到10个学科领域整体进行，计算分析方法如下：

① 研究前沿热度测度分析：对于一个研究前沿，根据国家研究前沿热度指数和指标计算方法，分别计算出所有参与国家的研究前沿热度指数，并进行排名和对比分析。

② 领域研究前沿热度测度分析：对于一个学科或领域，分别对所有参与国家在领域内所有研究前沿的国家研究前沿热度指数得分进行加和，得到各国在某领域的国家研究前沿热度指数，并进行排名和对比分析。

③ 10个学科领域研究前沿整体热度指数测度分析：对于由10个学科领域的137个研究前沿构成的整体，分别对所有参与国家在各个领域的国家研究前沿热度指数得分进行加和，得到各国在10个学科领域整体的国家研究前沿热度指数，并进行排名和对比分析。

以上测度分析意在揭示主要国家在年度研究前沿整体的活跃格局，分析各国在某领域研究前沿和具体某个研究前沿的基础研究活跃程度，揭示各国研究活力来源。

12.1 10个学科领域整体国家研究前沿热度指数排名

从10个学科领域整体测度分析主要国家研究前沿热度指数得分和排名，观察发现如下态势特征。

12.1.1 美国整体仍最活跃，中美研究前沿热度指数差距缩小

在10个学科领域整体层面（图12.2），美国最为活跃，研究前沿热度指数得分为204.89分，居全球首位。中国以139.68分位居第2。英国和德国的研究前沿热度指数得分分别为80.85分和67.52分，排名第3和第4。

法国、意大利、加拿大、澳大利亚、荷兰和日本这6个国家的国家研究前沿热度指数为30~50分，排第5~10名。排名第10的日本研究前沿热度指数为33.15分。

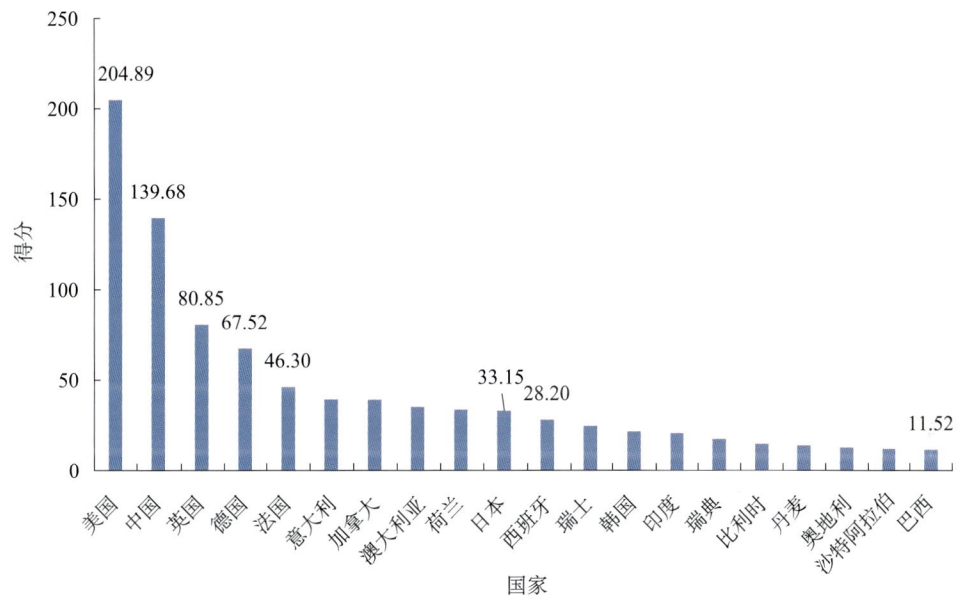

图12.2　10个学科领域整体层面的Top20国家研究前沿热度指数得分

国家研究前沿热度指数由国家贡献度和国家影响度组成，表12.1可以看出国家研究前沿热度指数排名前5的国家在3个指标维度的排序完全一致。排名第6~20位的国家在3个指标维度的排序也基本稳定，只有个别位次略有不同。

表12.1　10个学科领域整体层面的Top20国家研究前沿热度指数得分及排名

国家	国家研究前沿热度指数		国家贡献度		国家影响度	
	得分	排名	得分	排名	得分	排名
美国	204.89	1	107.35	1	97.54	1
中国	139.68	2	81.70	2	57.98	2

续表

国家	国家研究前沿热度指数		国家贡献度		国家影响度	
	得分	排名	得分	排名	得分	排名
英国	80.85	3	42.02	3	38.83	3
德国	67.52	4	35.06	4	32.46	4
法国	46.30	5	23.52	5	22.78	5
意大利	39.42	6	21.50	6	17.92	7
加拿大	39.25	7	18.98	7	20.27	6
澳大利亚	35.27	8	17.48	9	17.79	8
荷兰	33.80	9	16.27	10	17.53	9
日本	33.15	10	17.72	8	15.43	10
西班牙	28.20	11	14.81	11	13.39	11
瑞士	24.81	12	12.33	12	12.48	12
韩国	21.75	13	10.75	14	11.00	13
印度	20.74	14	10.90	13	9.84	14
瑞典	17.54	15	8.67	15	8.87	15
比利时	14.83	16	7.44	16	7.39	17
丹麦	13.91	17	6.05	18	7.86	16
奥地利	12.75	18	5.92	19	6.83	18
沙特阿拉伯	12.01	19	6.36	17	5.65	20
巴西	11.52	20	5.76	20	5.76	19

表12.2 比较了10个学科领域整体层面的Top5国家在2017年、2018年和2019年三年的研究前沿热度指数得分及相对于美国的比例。三年的Top5国家排序完全一致。美国三年的得分分别为281.11分、227.39分和204.89分，得分最高且稳居首位，是名副其实的领头羊，但得分逐年递减。中国三年以118.84分、118.38分和139.68分位居第2，稳中有升，且中美在研究前沿热度指数的差距在逐渐缩小。以每年美国为100%，计算其他国家相对于美国的比例。中国相对美国的比例在三年中分别为42.28%、52.06%和68.18%，中国相对于美国的比例逐年增加，进步明显。而英国、德国和法国在2017～2019年三年均排第3～5名，但是相对于美国的比例变化较小。

表 12.2　10 个学科领域整体层面的 Top5 国家 2017 年、2018 年和 2019 年三年研究前沿热度指数得分及相对于美国的比例

国家	2017 年得分	2017 年相对比例 /%	2018 年得分	2018 年相对比例 /%	2019 年得分	2019 年相对比例 /%
美国	281.11	100.00	227.39	100.00	204.89	100.00
中国	118.84	42.28	118.38	52.06	139.68	68.18
英国	96.9	34.47	78.62	34.57	80.85	39.46
德国	90.98	32.36	75.12	33.04	67.52	32.95
法国	60.08	21.37	51.2	22.52	46.30	22.60

12.1.2 美国 7 个学科领域领先优势明显，中国 3 个学科领域表现突出但短板依旧明显

分领域比较来看，美国除了生态与环境科学领域，化学与材料科学领域以及数学、计算机科学与工程学领域之外，在其他 7 个领域的研究前沿热度指数得分均排名第 1，领先优势明显。中国在化学与材料科学领域，数学、计算机科学与工程学领域以及生态与环境科学领域这 3 个领域排名第 1，在农业、植物学和动物学领域，地球科学领域，生物科学领域，物理学领域，经济学、心理学及其他社会科学领域等 5 个领域排名第 2，表现突出，但在临床医学领域和天文学与天体物理学领域仅分别排名第 9 和第 11，短板依旧明显（表 12.3）。

在 10 个或美国领先，或中国领先的领域的前 5 名中，均有紧随其后的英国、德国和法国的身影，均表现出较强的实力。其中，英国在临床医学领域排名第 2，德国在天文学与天体物理学领域排名第 2。

在 10 个学科领域的 100 个热点前沿和 37 个新兴前沿中，美国研究前沿热度指数排名第 1 的前沿有 80 个，占全部 137 个前沿的 58.39%（约 3/5），中国排名第 1 的前沿数为 33 个，约占 24.09%。英国有 7 个前沿排名第 1，德国和法国分别有 1 个前沿排名第 1（表 12.4）。

10 个学科领域中，中国在数学、计算机科学与工程学领域和化学与材料科学领域排名第 1 的前沿数分别为 10 个和 8 个，占比超过 50%，其中数学、计算机科学与工程学领域甚至达到 62.50%，表现最为活跃。中国在生态与环境科学领域有 4 个前沿排名第 1，与美国持平；中国在物理学领域有 3 个前沿排名第 1；中国在地球科学领域，生物科学领域，经济学、心理学及其他社会科学领域这三个领域分别有 2 个前沿排名第 1；中国在农业、植物学和动物学领域和临床医学领域这两个领域分别有 1 个前沿排名第 1；中国在天文学与天体物理学领域没有排名第 1 的研究前沿。

与中国相反，美国在数学、计算机科学与工程学领域和化学与材料科学领域排名第 1 的前沿最少，这两个领域也是中国高度活跃的优势领域。由于中国在生态与环境科学领域的进步，美国在该领域有 4 个排名第 1 的前沿，与其他领域相比相对

表 12.3 10个学科领域整体及分领域层面的Top20国家研究前沿热度指数得分及排名

国家	10个学科领域 得分	排名	农业、植物学和动物学 得分	排名	生态与环境科学 得分	排名	地球科学 得分	排名	临床医学 得分	排名	生物科学 得分	排名	化学与材料科学 得分	排名	物理学 得分	排名	天文学与天体物理学 得分	排名	数学、计算机科学与工程学 得分	排名	经济学、心理学及其他社会科学 得分	排名
美国	204.89	1	13.02	1	11.19	2	22.13	1	41.31	1	28.28	1	13.03	2	18.68	1	30.98	1	10.75	2	15.52	1
中国	139.68	2	9.43	2	14.23	1	10.92	2	7.11	9	12.36	2	26.53	1	9.43	2	6.91	11	33.55	1	9.21	2
英国	80.85	3	5.53	5	2.78	7	4.54	5	21.38	2	9.78	3	4.02	5	5.24	4	16.28	3	4.99	4	6.31	3
德国	67.52	4	5.65	3	3.28	4	2.16	8	14.03	3	4.84	5	4.44	3	7.96	3	17.13	2	1.91	10	6.12	4
法国	46.30	5	5.59	4	2.69	8	5.06	4	10.08	5	4.19	7	1.07*	10	2.74	7	11.12	5	1.78	12	1.99	9
意大利	39.42	6	3.15	7	2.14	11	1.09	14	10.01	6	5.27	4	0.88	14	3.54	6	10.43	6	1.03	18	1.88	11
加拿大	39.25	7	2.71	8	2.06	13	6.15	3	10.15	4	1.80	16	1.03	12	2.67	8	8.35	9	2.21	9	2.12	8
澳大利亚	35.27	8	3.53	6	3.56	3	3.07	6	8.50	7	2.08	13	0.96	13	0.88	18	7.80	10	1.64	13	3.25	7
荷兰	33.80	9	1.49	19	2.42	9	0.60	19	6.60	10	4.10	8	1.09	9	2.15◆	12	9.50	7	0.26	30	5.59	5
日本	33.15	10	1.73	15	1.65	16	2.98	7	4.21	11	2.29	11	2.33	6	2.47	9	11.25	4	2.92	7	1.32	15
西班牙	28.20	11	1.86	14	2.10	12	0.84	17	7.20	8	2.16	12	0.64	16	2.40	10	8.67	8	0.54	25	1.79	13
瑞士	24.81	12	1.63	16	1.76	15	0.85	16	3.58	15	4.33	6	1.07*	11	3.62	5	6.40	12	0.29	29	1.28	17
韩国	21.75	13	2.16	12	2.29	10	0.40	25	3.30	16	1.55	20	1.29	8	1.84	13	4.67	14	3.34	6	0.91	20
印度	20.74	14	1.97	13	2.79	6	1.47	10	0.37	41	3.82	9	1.32	7	2.15◆	11	4.26	17	1.35	15	1.24	18
瑞典	17.54	15	2.54	9	1.01	23	1.65	9	4.06	13	1.81	15	0.43	17	0.85	21	3.80	20	0.59	23	0.80	22
比利时	14.83	16	1.56	17	1.47	17	0.32	29	4.18	12	0.72	25	0.21	22	0.45	26	4.31	16	0.12	41	1.49	14
丹麦	13.91	17	1.08	22	1.42	18	0.79	18	3.91	14	1.28	21	0.15	26	1.48	15	2.68	23	0.45	26	0.67	23

第12章 2019研究前沿热度指数

续表

国家	10个学科领域		农业、植物学和动物学		生态与环境科学		地球科学		临床医学		生物科学		化学与材料科学		物理学		天文学与天体物理学		数学、计算机科学与工程学		经济学、心理学及其他社会科学	
	得分	排名	得分	排名	得分	排名	得分	排名	得分	排名	得分	排名	得分	排名	得分	排名	得分	排名	得分	排名	得分	排名
奥地利	12.75	18	0.63	30	1.06	22	1.10	13	2.47	18	1.13	23	0.36	20	0.50	25	1.82	26	0.20	33	3.48	6
沙特阿拉伯	12.01	19	1.08	21	2.85	5	0.12	47	0.14	49	0.60	27	0.80	15	0.21	38	0.02	62	6.00	3	0.19	32
巴西	11.52	20	1.39	20	0.62	26	0.17	40	1.76	23	2.30	10	0.08	32	0.68	23	3.53	21	0.13	39	0.86	21

注：标记 * 的两个数字实际并不相同，只是四舍五入保留两位小数时显示为相同，所以排名并不同。标记 ◆ 的两个数字也是同样情况。

表12.4 10个学科领域整体层面的Top5国家在137个研究前沿中国家研究前沿热度指数得分排名第1的研究前沿数量和比例

领域	研究前沿数/个	排名第1前沿数/个					比例/%				
		美国	中国	英国	德国	法国	美国	中国	英国	德国	法国
10个学科领域整体	137	80	33	7	1	1	58.39	24.09	5.11	0.73	0.73
农业、植物学和动物学	11	7	1	1	0	0	63.64	9.09	9.09	0.00	0.00
生态与环境科学	11	4	4	0	0	0	36.36	36.36	0.00	0.00	0.00
地球科学	11	8	2	0	0	0	72.73	18.18	0.00	0.00	0.00
临床医学	21	16	1	3	0	0	76.19	4.76	14.29	0.00	0.00
生物科学	16	12	2	1	1	0	75.00	12.50	6.25	6.67	0.00
化学与材料科学	15	4	8	0	1	0	26.67	53.33	0.00	6.67	0.00
物理学	12	8	3	0	0	1	66.67	25.00	0.00	0.00	7.69
天文学与天体物理学	13	11	0	1	0	0	84.62	0.00	7.69	0.00	0.00
数学、计算机科学与工程学	15	2	10	0	0	0	12.50	62.50	0.00	0.00	0.00
经济学、心理学及其他社会科学	12	8	2	0	0	0	66.67	16.67	0.00	0.00	0.00

较少。

除了上述 3 个领域，美国在农业、植物学和动物学领域，地球科学领域，临床医学领域，生物科学领域，物理学领域，天文学与天体物理学领域和经济学、心理学及其他社会科学领域等 7 个领域排名第 1 的前沿数均在 60% 以上，是所有国家中表现最好的。

从排名前 3 的前沿数来看，美国有 115 个前沿（83.94%）排名前 3。中国有 63 个前沿排名前 3（45.99%），英国和德国在这个方面比较接近，分别有 46 个和 43 个前沿排名前 3（占研究前沿总数的 1/3 左右）（表 12.5）。

表 12.5　10 个学科领域整体层面的 Top5 国家在 137 个研究前沿中
国家研究前沿热度指数排名前 3 的研究前沿数量和比例

领域	研究前沿数/个	排名前 3 前沿数/个					比例/%				
		美国	中国	英国	德国	法国	美国	中国	英国	德国	法国
10 个学科领域整体	137	115	63	46	43	18	83.94	45.99	33.58	31.39	13.14
农业、植物学和动物学	11	8	6	3	3	4	72.73	54.55	27.27	27.27	36.36
生态与环境科学	11	7	8	2	2	2	63.64	72.73	18.18	18.18	18.18
地球科学	11	10	5	2	0	3	90.91	45.45	18.18	0.00	27.27
临床医学	21	20	2	12	7	3	95.24	9.52	57.14	33.33	14.29
生物科学	16	15	6	8	5	1	93.75	37.50	50.00	31.25	6.25
化学与材料科学	15	11	14	3	6	1	73.33	93.33	20.00	40.00	6.67
物理学	12	11	4	2	6	0	91.67	33.33	16.67	50.00	0.00
天文学与天体物理学	13	13	0	6	7	4	100.00	0.00	46.15	53.85	30.77
数学、计算机科学与工程学	15	10	14	3	2	0	62.50	87.50	18.75	12.50	0.00
经济学、心理学及其他社会科学	12	10	4	5	5	0	83.33	33.33	41.67	41.67	0.00

分领域来看，美国在天文学与天体物理学领域占比 100%，全面包揽；在物理学领域、生物科学领域、临床医学领域和地球科学领域四个领域占比 90% 以上，与其他国家相比有绝大优势；农业、植物学和动物学领域，经济学、心理学及其他社会科学领域占比 72.73%、83.33%，与其他国家相比也有较大优势；只有化学与材料科学领域、生态与环境科学领域以及数学、计算机科学与工程学三个领域，占比低于中国。

中国在化学与材料科学领域，数学、计算机科学与工程学领域和生态与环境科学领域三个领域表现最为突出，分别占本领域所有前沿的 93.33%、87.50% 和 72.73%。

中国在农业、植物学和动物学领域排名前 3 的前沿占比为 54.55%，中国在地球科学领域排名前 3 的前沿占比为 45.45%，这两个领域占比排在第 2 位（图 12.3）。

在临床医学领域和生物科学领域，英

国排名前3的前沿占比分别为57.14%和50.00%（图12.4）。在天文学与天体物理学领域和物理学领域，德国排名前3的前沿占比分别为53.85%和50.00%，与除美国以外的国家相比具有较大优势。中国在临床医学领域排名前3的前沿占比为9.52%，在天文学与天体物理学领域没有排名前3的前沿。

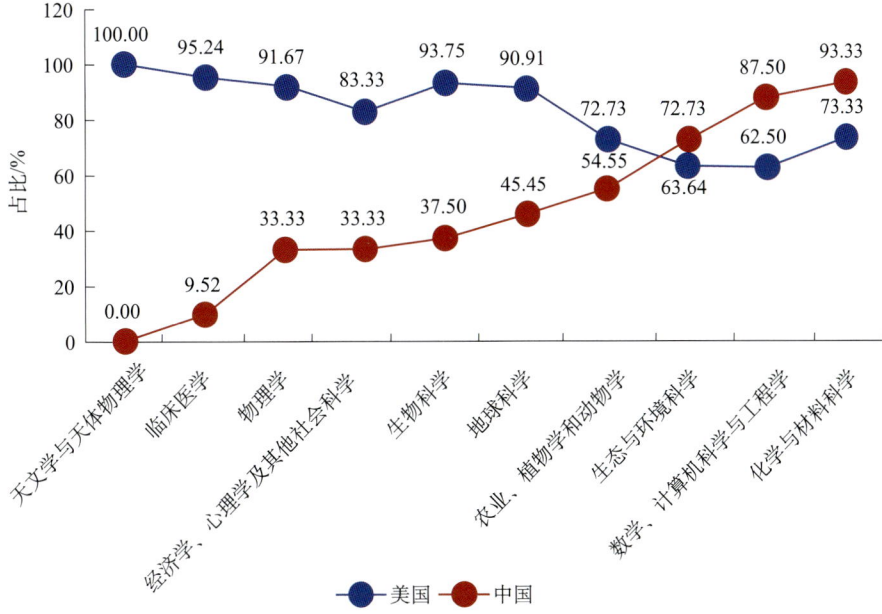

图12.3　中国和美国在137个前沿中国家研究前沿热度指数排名前3的研究前沿比例

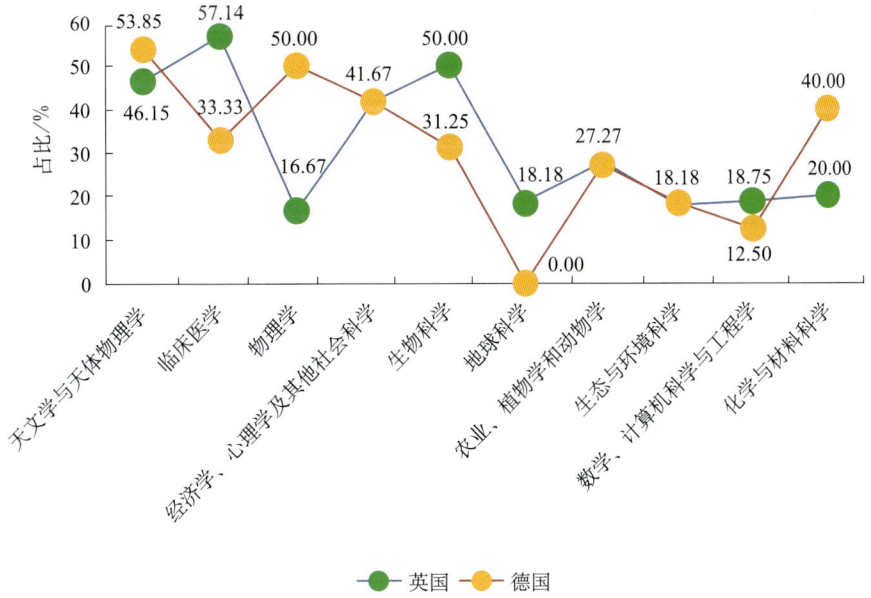

图12.4　英国和德国在137个前沿中国家研究前沿热度指数排名前3的研究前沿比例

12.2 国家研究前沿热度指数分领域分析

细观各国在具体研究前沿热度指数的得分和排名，探讨各国特定领域和特定研究前沿的活跃程度，发现各国科技创新活力来源于基础研究竞争优势。

12.2.1 农业、植物学和动物学领域：美国占据绝对领先地位，中国稳居第2，德国、法国和英国分列第3、第4和第5

在农业、植物学和动物学领域，美国的研究前沿热度指数得分为13.02分，排名第1，表现最活跃。中国得分为9.43分，排名第2。德国得分为5.65分，排名第3。其次是法国和英国。从表12.6可以看出，中国和美国在7个指标上有6个指标排名一致，均是美国排名第1，中国排名第2，只有国家施引论文份额这个指标中国超越美国排名第1，表明中国在相关研究的跟进方面表现积极。德国、法国和英国在几个指标上排名略有波动。

表12.6 农业、植物学和动物学领域Top5国家研究前沿热度指数及分指标得分与排名

指标名称	得分					排名				
	美国	中国	德国	法国	英国	美国	中国	德国	法国	英国
国家研究前沿热度指数	13.02	9.43	5.65	5.59	5.53	1	2	3	4	5
国家贡献度	6.32	5.22	2.87	2.72	2.98	1	2	4	5	3
国家核心论文份额	3.81	2.37	1.70	2.01	1.97	1	2	5	3	4
国家施引论文份额	2.51	2.85	1.17	0.71	1.01	2	1	3	5	4
国家影响度	6.70	4.21	2.78	2.87	2.55	1	2	4	3	5
国家核心论文被引频次份额	4.26	2.32	1.59	1.92	1.52	1	2	4	3	5
国家施引论文被引频次份额	2.44	1.89	1.19	0.95	1.03	1	2	3	5	4

在该领域的11个前沿（表12.7、表12.8）中，美国在热点前沿2、3、5、7、8、9和10等7个前沿的研究前沿热度指数得分排名第1，占63.64%。中国只在热点前沿4排名第1。英国则在新兴前沿1排名第1。

排名前3的前沿，美国有8个，中国有6个，法国有4个，德国和英国各有3个。中国在热点前沿1、2、3和7排名第2，在热点前沿10排名第3。

表12.7 农业、植物学和动物学领域热点前沿和新兴前沿基本信息

类型和序号	前沿名	核心论文/篇	被引频次	核心论文平均出版年
热点前沿1	生物炭对农田土壤重金属镉污染的修复作用	21	1095	2016.6
热点前沿2	植物自噬的分子调控机理研究	27	1038	2016.4
热点前沿3	植物光形态发生的调控机制	32	1377	2016.3

续表

类型和序号	前沿名	核心论文/篇	被引频次	核心论文平均出版年
热点前沿 4	植物活性多糖的结构和功能研究	25	931	2016.3
热点前沿 5	植物细胞壁中纤维素合成与结构研究及其与木聚糖的互作	19	1034	2015.9
热点前沿 6	植物生物刺激剂在促进蔬果作物生长和提高抗逆性中的作用	15	846	2015.9
热点前沿 7	调控植物生长和防御的茉莉酸信号传导机制	40	2956	2015.8
热点前沿 8	牛瘤胃微生物组与肠道甲烷排放研究	21	1464	2015.6
热点前沿 9	草甘膦除草剂抗性研究	17	1130	2015.5
热点前沿 10	无人机系统在作物表型分析中的应用	31	2495	2015.3
新兴前沿 1	水稻 *OsAUX1* 基因低磷条件下促进根毛伸长的机理研究	4	47	2017.8

表 12.8　农业、植物学和动物学领域 Top5 国家 11 个前沿的国家研究前沿热度指数及排名

前沿	国家研究前沿热度指数					排名				
	美国	中国	德国	法国	英国	美国	中国	德国	法国	英国
前沿汇总	13.02	9.43	5.65	5.59	5.53	1	2	3	4	5
热点前沿 1	0.15	1.81	0.43	0.45	0.05	13	2	7	6	18
热点前沿 2	1.49	1.32	0.67	0.79	0.38	1	2	4	3	7
热点前沿 3	1.39	0.85	0.74	0.18	0.70	1	2	3	11	4
热点前沿 4	0.19	2.22	0.11	0.21	0.15	7	1	12	6	8
热点前沿 5	2.03	0.20	0.37	0.52	0.43	1	8	5	2	3
热点前沿 6	0.93	0.10	0.38	0.17	0.31	2	14	4	12	6
热点前沿 7	1.59	0.78	0.39	0.29	0.42	1	2	5	6	3
热点前沿 8	1.33	0.44	0.17	0.35	0.51	1	7	13	9	5
热点前沿 9	1.34	0.28	0.27	0.39	0.26	1	7	8	3	9
热点前沿 10	1.18	0.51	0.64	0.22	0.23	1	3	2	8	7
新兴前沿 1	1.40	0.92	1.48	2.02	2.09	4	7	3	2	1

注：相应序号的热点前沿和新兴前沿的前沿名称等基本信息见表 12.7。

12.2.2 生态与环境科学领域：中国领先，美国位居第2，澳大利亚、德国和沙特阿拉伯分列第3、第4和第5

在生态与环境科学领域，中国的研究前沿热度指数得分为14.23分，排名第1，表现最活跃。美国得分为11.19分，排名第2。澳大利亚排名第3，得分为3.56分，与前两名的得分差距显著。德国和沙特阿拉伯分别排名第4和第5。中国和美国在7个指标上均排名一致，澳大利亚的国家贡献度相对较高（表12.9）。

表12.9 生态与环境科学领域Top5国家研究前沿热度指数及分指标得分与排名

指标名称	得分					排名				
	中国	美国	澳大利亚	德国	沙特阿拉伯	中国	美国	澳大利亚	德国	沙特阿拉伯
国家研究前沿热度指数	14.23	11.19	3.56	3.28	2.85	1	2	3	4	5
国家贡献度	8.39	5.60	1.92	1.64	1.30	1	2	3	4	8
国家核心论文份额	4.22	3.24	1.28	1.00	1.02	1	2	3	5	4
国家施引论文份额	4.17	2.36	0.64	0.64	0.28	1	2	3	4	16
国家影响度	5.84	5.59	1.64	1.64	1.55	1	2	3	3	5
国家核心论文被引频次份额	3.83	3.66	1.06	1.11	1.26	1	2	6	4	3
国家施引论文被引频次份额	2.01	1.93	0.58	0.53	0.29	1	2	4	5	10

在该领域11个前沿（表12.10、表12.11），中国在热点前沿1、7、8和新兴前沿1等4个前沿的研究前沿热度指数得分均排名第1。美国在热点前沿5、6、9、10等4个前沿排名第1。沙特阿拉伯在热点前沿2排名第1。中国在热点前沿4、5、9和10等4个前沿上排第2~3名。美国在热点前沿7和新兴前沿1排名第2，热点前沿4排名第3。澳大利亚在热点前沿1和6排名第2。德国在热点前沿9排名第2。

表12.10 生态与环境科学领域热点前沿和新兴前沿基本信息

类型和序号	前沿名	核心论文/篇	被引频次	核心论文平均出版年
热点前沿1	活性污泥消化技术的机理、工艺与影响因素	29	1294	2016.7
热点前沿2	利用纳米复合材料吸附去除水中有毒金属离子	38	1924	2016.1
热点前沿3	用于液体中有毒物质及生物活性物质分析、分离的新型材料的制备与功能	44	4562	2016
热点前沿4	金属有机框架材料去除水中污染物	23	1884	2016
热点前沿5	地表植被覆盖变化对气候的影响	11	751	2016
热点前沿6	在全球尺度上对外来物种入侵的监测及影响分析	41	3434	2015.9

续表

类型和序号	前沿名	核心论文/篇	被引频次	核心论文平均出版年
热点前沿 7	微生物种间电子转移的机理及应用	18	1321	2015.9
热点前沿 8	厌氧氨氧化技术及在污水处理中的应用	16	1214	2015.9
热点前沿 9	内分泌干扰物的环境特征、人体暴露与健康风险	44	3043	2015.5
热点前沿 10	磷排放及蓝藻水华的污染和健康风险	38	2945	2015.5
新兴前沿 1	环境污染物对肠道微生物菌群的影响	5	81	2017.6

表 12.11　生态与环境科学领域 Top5 国家 11 个前沿的国家研究前沿热度指数及排名

前沿	国家研究前沿热度指数					排名				
	中国	美国	澳大利亚	德国	沙特阿拉伯	中国	美国	澳大利亚	德国	沙特阿拉伯
前沿汇总	14.23	11.19	3.56	3.28	2.85	1	2	3	4	5
热点前沿 1	2.79	0.09	1.01	0.03	0.01	1	7	2	14	30
热点前沿 2	0.90	0.11	0.03	0.01	1.40	4	10	16	28	1
热点前沿 3	0.41	0.07	0.02	0.01	1.00	5	11	16	24	3
热点前沿 4	0.90	0.33	0.03	0.09	0.07	2	3	12	8	10
热点前沿 5	1.31	2.17	0.64	0.94	0.00	2	1	7	4	48
热点前沿 6	0.23	1.78	1.27	0.73	0.30	19	1	2	8	17
热点前沿 7	2.40	1.58	0.09	0.10	0.02	1	2	6	5	16
热点前沿 8	1.39	0.46	0.12	0.80	0.03	1	5	13	3	17
热点前沿 9	0.37	1.97	0.07	0.41	0.02	3	1	16	2	22
热点前沿 10	0.62	2.47	0.25	0.13	0.00	2	1	6	9	48
新兴前沿 1	2.91	0.16	0.03	0.03	—	1	2	14	10	—

注：相应序号的热点前沿和新兴前沿的前沿名称等基本信息见表 12.10。

12.2.3 地球科学领域：美国表现最为活跃，中国位居第 2，但与美国仍有较大差距；加拿大、法国和英国分列第 3、第 4 和第 5

在地球科学领域，美国的研究前沿热度指数得分 22.13 分，排名第 1，远超其他国家。中国得分为 10.92 分，排名第 2，与美国还有较大差距。加拿大、法国和英国分别得分为 6.15 分、5.06 分和 4.54 分，分别排第 3~5 名。从表 12.12 可以看出，Top5 国家在国家研究前沿热度指数、国家贡献度和国家影响度上排名一致。美国和法国在 7 个指标上均排名一致，分别为第 1 名和第 4 名，中国在国家研究前沿热度指数等 6 个指标上均为第 2 名，只有国家核心论文被引频次份额排名第 3。加拿大和英国在细分指标上排名略有波动。

表 12.12 地球科学领域 Top5 国家研究前沿热度指数及分指标得分与排名

指标名称	得分					排名				
	美国	中国	加拿大	法国	英国	美国	中国	加拿大	法国	英国
国家研究前沿热度指数	22.13	10.92	6.15	5.06	4.54	1	2	3	4	5
国家贡献度	11.76	6.34	2.83	2.61	2.53	1	2	3	4	5
国家核心论文份额	6.77	3.26	2.10	1.60	1.39	1	2	3	4	5
国家施引论文份额	4.99	3.08	0.73	1.01	1.14	1	2	6	4	3
国家影响度	10.37	4.58	3.32	2.45	2.01	1	2	3	4	5
国家核心论文被引频次份额	7.38	2.73	2.74	1.81	1.27	1	3	2	4	5
国家施引论文被引频次份额	2.99	1.85	0.58	0.64	0.74	1	2	5	4	3

在该领域 11 个研究前沿（表 12.13、表 12.14）中，美国在热点前沿 1、2、3、5、6、8、9 和 10 等 8 个前沿的国家研究前沿热度指数得分均排名第 1，表现出超群的实力。

中国在热点前沿 7 和新兴前沿 1 这两个前沿排名第 1；在热点前沿 3、4 和 9 等 3 个前沿上排第 2~3 名。加拿大在热点前沿 1、6、9 和 10 等 4 个前沿上排第 2~3 名。法国在热点前沿 2、5 和 8 等 3 个前沿上排第 2~3 名。英国在热点前沿 6 和 8 等 2 个前沿排名第 3。

表 12.13 地球科学领域热点前沿和新兴前沿基本信息

类型和序号	前沿名	核心论文/篇	被引频次	核心论文平均出版年
热点前沿 1	利用 CESM 和 RCP8.5 情景研究全球气候变化	8	1212	2016.5
热点前沿 2	磁层多尺度任务科学研究进展	11	1337	2016.3
热点前沿 3	利用热带降雨测量任务和全球降水测量任务开展全球多地区降水分析	21	1261	2016.3
热点前沿 4	人工神经网络在预测太阳辐射中的应用	25	1216	2016
热点前沿 5	大型地震复杂破裂过程及走滑机制研究	49	2959	2015.9
热点前沿 6	地下流体注入诱发美国多地地震机理研究	26	2290	2015.8
热点前沿 7	中国主要城市表层土壤重金属污染来源与风险评估	34	2846	2015.7
热点前沿 8	利用好奇号开展盖尔陨石坑的岩石矿物学研究	23	1925	2015.7
热点前沿 9	元古代时期大气和海洋的氧化作用	29	2601	2015.6
热点前沿 10	欧洲和中东地区地震数据库与地面运动模型	16	1481	2015.5
新兴前沿 1	热损伤对岩石力学特性的影响研究	9	180	2017.6

表 12.14 地球科学领域 Top5 国家 11 个前沿的国家研究前沿热度指数及排名

前沿	国家研究前沿热度指数					排名				
	美国	中国	加拿大	法国	英国	美国	中国	加拿大	法国	英国
前沿汇总	22.13	10.92	6.15	5.06	4.54	1	2	3	4	5
热点前沿 1	3.47	0.41	1.21	0.14	0.26	1	4	2	8	5
热点前沿 2	2.94	0.32	0.19	1.25	0.59	1	8	10	3	6
热点前沿 3	2.42	1.46	0.14	0.07	0.12	1	2	8	15	11
热点前沿 4	0.30	0.72	0.70	0.02	0.09	9	3	5	28	18
热点前沿 5	1.83	0.49	0.39	0.86	0.65	1	5	6	3	4
热点前沿 6	2.47	0.11	0.43	0.18	0.24	1	9	2	5	3
热点前沿 7	0.34	2.66	0.07	0.09	0.03	2	1	13	12	20
热点前沿 8	3.11	0.19	1.13	1.74	1.45	1	10	4	2	3
热点前沿 9	2.53	0.77	1.26	0.40	0.53	1	3	2	8	4
热点前沿 10	2.23	0.08	0.59	0.28	0.50	1	11	3	6	4
新兴前沿 1	0.49	3.71	0.04	0.03	0.08	3	1	6	9	4

注：相应序号的热点前沿和新兴前沿的前沿名称等基本信息见表 12.13。

12.2.4 临床医学领域：美国遥遥领先，英国、德国、加拿大和法国位列第 2 至第 5，中国以第 9 的身份进入前 10 名

在临床医学领域，美国的国家研究前沿热度指数得分为 41.31 分，遥遥领先于其他国家。英国和德国得分分别为 21.38 分和 14.03 分。中国得分为 7.11 分，排名第 9，在该领域与其他强国有显著差距。美国、英国、德国和法国在国家研究前沿热度指数、国家贡献度和国家影响度排名上完全一致，第 4 名加拿大国家贡献度与国家研究前沿热度指数和国家影响力排名有差异。

中国在各个指标的排名略有变化，国家研究前沿热度指数排在第 9 名，国家施引论文份额排名在第 3 名，显示中国在积极跟进相关研究，但国家核心论文份额和国家核心论文被引频次份额排名却仅仅分别排在第 11 和 10 名，表明中国在该领域仍缺少有较高影响力的重要成果（表 12.15）。

表 12.15 临床医学领域 Top5 国家 + 中国研究前沿热度指数及分指标得分与排名

指标名称	得分						排名					
	美国	英国	德国	加拿大	法国	中国	美国	英国	德国	加拿大	法国	中国
国家研究前沿热度指数	41.31	21.38	14.03	10.15	10.08	7.11	1	2	3	4	5	9
国家贡献度	21.33	10.43	6.79	4.72	4.96	4.01	1	2	3	6	5	7
国家核心论文份额	12.48	7.46	4.47	3.34	3.39	1.66	1	2	3	6	5	11

续表

指标名称	得分						排名					
	美国	英国	德国	加拿大	法国	中国	美国	英国	德国	加拿大	法国	中国
国家施引论文份额	8.85	2.97	2.32	1.38	1.57	2.35	1	2	4	7	6	3
国家影响度	19.98	10.95	7.24	5.43	5.12	3.10	1	2	3	4	5	10
国家核心论文被引频次份额	12.74	7.93	4.76	3.34	3.14	1.99	1	2	3	4	6	10
国家施引论文被引频次份额	7.24	3.02	2.48	2.09	1.98	1.11	1	2	3	4	5	9

在该领域的21个研究前沿（表12.16、表12.17）中，美国保持绝对领先优势，美国在16个研究前沿的研究前沿热度指数得分均排名第1；只在热点前沿2、10和新兴前沿1、6等4个前沿上排名第2，热点前沿1上排名第4。

英国在3个前沿即热点前沿10和新兴前沿1、6上排第1。在热点前沿6、7、9和新兴前沿3、5、7、8、9、10等9个前沿上排第2~3名。德国在热点前沿1、3、4、6、8和新兴前沿2、4等7个前沿上排第2~3名。

加拿大在热点前沿7和新兴前沿4、5等3个前沿上排第2~3名。法国在热点前沿4和新兴前沿9、11等3个前沿上排第2~3名。

中国在该领域的热度指数排名为第9，多数前沿均排名靠后，但在热点前沿2排名第1，新兴前沿8排名第2。

表12.16 临床医学领域热点前沿和新兴前沿基本信息

类型和序号	前沿名	核心论文/篇	被引频次	核心论文平均出版年
热点前沿1	英利昔单抗生物类似药有效性和安全性	30	1808	2016.7
热点前沿2	长链非编码RNA PV1在肿瘤中的功能和作用机制	23	1447	2016.5
热点前沿3	PD-1/L1抗体肿瘤免疫治疗不良反应	19	1467	2016.4
热点前沿4	药物基因组指导PCI术后抗血小板治疗	16	1537	2016.3
热点前沿5	Tau蛋白示踪剂在神经退行性疾病PET中的结合特性	37	3298	2016.2
热点前沿6	连续血糖监测与人工胰腺系统用于糖尿病管理	31	2240	2016.2
热点前沿7	高血压降压治疗后的血压与心血管事件转归	25	4525	2016
热点前沿8	含钆造影剂磁共振检查后脑部钆沉积	31	3161	2015.9
热点前沿9	中枢神经系统周细胞功能障碍在阿尔茨海默病中的作用	14	1751	2015.8
热点前沿10	支气管扩张症临床特点与治疗	23	1717	2015.8
新兴前沿1	稳定性冠心病变行PCI的临床效益	2	120	2018
新兴前沿2	68Ga-PSMA PET/CT结果对前列腺癌管理模式的影响	7	114	2018
新兴前沿3	新型口服降糖药SGLT-2抑制剂降低2型糖尿病患者心血管事件风险的真实世界研究	9	196	2017.9
新兴前沿4	弥漫型大细胞淋巴瘤基因分型	5	113	2017.8

续表

类型和序号	前沿名	核心论文/篇	被引频次	核心论文平均出版年
新兴前沿 5	溶瘤病毒助力肿瘤免疫疗法	5	107	2017.8
新兴前沿 6	代谢正常肥胖与心血管疾病风险	4	100	2017.8
新兴前沿 7	免疫检查点抑制剂联合用药治疗肾细胞癌的临床 1/2 期研究	4	89	2017.8
新兴前沿 8	PD-L1 表达分子调节机制及肿瘤免疫治疗增强策略	6	137	2017.7
新兴前沿 9	非他汀降脂药与心血管疾病风险	5	170	2017.6
新兴前沿 10	DAAs 药物 Glecaprevir/Pibrentasvir 复方治疗伴有或不伴有肝硬化的慢性丙肝疗效与安全性	5	164	2017.6
新兴前沿 11	免疫治疗时代肿瘤疗效评估	5	147	2017.6

表 12.17　临床医学领域 Top5 国家 + 中国 21 个前沿的研究前沿热度指数及排名

前沿	研究前沿热度指数						排名					
	美国	英国	德国	加拿大	法国	中国	美国	英国	德国	加拿大	法国	中国
前沿汇总	41.31	21.38	14.03	10.15	10.08	7.11	1	2	3	4	5	9
热点前沿 1	1.00	0.62	1.01	0.12	0.30	0.04	4	8	3	28	18	39
热点前沿 2	0.56	0.04	0.04	0.02	0.02	2.66	2	7	8	11	9	1
热点前沿 3	1.89	0.34	0.89	0.07	0.60	0.07	1	6	2	14	4	13
热点前沿 4	2.02	0.95	1.41	0.19	1.31	0.12	1	5	2	13	3	17
热点前沿 5	2.17	0.32	0.18	0.14	0.10	0.05	1	6	8	9	13	16
热点前沿 6	1.94	0.69	0.67	0.32	0.28	0.04	1	2	3	5	7	15
热点前沿 7	1.77	0.97	0.15	0.77	0.20	0.42	1	2	25	3	16	6
热点前沿 8	1.22	0.10	0.71	0.12	0.22	0.10	1	8	2	6	5	9
热点前沿 9	2.23	0.86	0.15	0.13	0.08	0.26	1	2	7	8	10	4
热点前沿 10	1.07	1.88	0.47	0.17	0.19	0.16	2	1	8	13	12	14
新兴前沿 1	1.71	2.09	0.33	0.96	0.29	0.08	2	1	7	6	8	18
新兴前沿 2	2.16	0.38	1.37	—	0.04	0.02	1	4	2	—	13	17
新兴前沿 3	1.69	1.56	0.46	0.86	0.05	0.02	1	2	8	5	18	20
新兴前沿 4	2.98	0.68	1.58	0.91	0.29	0.80	1	6	2	3	10	5
新兴前沿 5	2.36	0.81	0.16	1.49	0.06	0.09	1	3	6	2	10	8
新兴前沿 6	1.35	2.32	0.78	0.23	0.54	0.17	2	1	4	15	10	16
新兴前沿 7	3.48	2.08	1.16	1.26	1.57	0.07	1	2	7	6	4	15
新兴前沿 8	2.51	0.62	0.48	0.02	0.17	0.67	1	3	6	17	9	2
新兴前沿 9	2.12	2.12	0.86	0.99	1.62	0.87	1	2	7	5	3	6
新兴前沿 10	2.78	1.49	1.03	1.36	1.20	0.07	1	2	7	4	5	19
新兴前沿 11	2.30	0.46	0.14	0.02	0.95	0.33	1	4	8	14	2	6

注：相应序号的热点前沿和新兴前沿的前沿名称等基本信息见表 12.16。

12.2.5 生物科学领域：美国领先优势明显，中国跃升到第 2 名，英国、意大利和德国位列第 3 至第 5

在生物科学领域，美国的研究前沿热度指数得分为 28.28 分，排名第 1，是第 2 名中国的 2 倍以上，领先优势明显。中国得分为 12.36 分，排名第 2，进步明显。英国、意大利和德国得分分别为 9.78 分、5.27 分和 4.84 分。美国、中国和英国在 7 个指标上的排序完全一致，意大利和德国在几个指标上的排名有所变化（表12.18）。

表 12.18 生物科学领域 Top5 国家研究前沿热度指数及分指标得分与排名

指标名称	得分					排名				
	美国	中国	英国	意大利	德国	美国	中国	英国	意大利	德国
国家研究前沿热度指数	28.28	12.36	9.78	5.27	4.84	1	2	3	4	5
国家贡献度	14.63	6.96	5.20	2.87	2.71	1	2	3	4	5
国家核心论文份额	8.74	3.64	3.47	1.90	1.41	1	2	3	4	5
国家施引论文份额	5.89	3.32	1.73	0.97	1.30	1	2	3	6	4
国家影响度	13.65	5.40	4.58	2.40	2.13	1	2	3	4	7
国家核心论文被引频次份额	9.57	3.63	3.44	1.70	1.43	1	2	3	4	7
国家施引论文被引频次份额	4.08	1.77	1.14	0.70	0.70	1	2	3	7	6

生物科学领域的 16 个研究前沿（表 12.19、表 12.20）中，美国在 12 个前沿的研究前沿热度指数得分排名第 1，热点前沿 3 和新兴前沿 1、3 这 3 个前沿上排名第 2，只有热点前沿 4 美国排名第 4。

中国在新兴前沿 1 和 3 上排名第 1。在热点前沿 1、3、6、9 等 4 个前沿上排第 2~3 名。英国在热点前沿 3 排名第 1，在热点前沿 1、2、6、7、8 和新兴前沿 2、6 等 7 个前沿上排第 2~3 名。意大利在热点前沿 4 排名第 1，在新兴前沿 3 排名第 3。德国在热点前沿 2、5、8、9 和新兴前沿 6 等 5 个前沿上排第 2~3 名。

表 12.19 生物科学领域热点前沿和新兴前沿基本信息

类型和序号	前沿名	核心论文/篇	被引频次	核心论文平均出版年
热点前沿 1	质粒介导的多黏菌素抗性基因	50	3689	2016.8
热点前沿 2	诱导蛋白降解的小分子 PROTACs	27	2571	2016.4
热点前沿 3	3D 打印医疗药物	34	1521	2016.4
热点前沿 4	绿色合成纳米颗粒在防治蚊媒疾病和癌症中的应用	45	2949	2016.3
热点前沿 5	Cas13：一种靶向 RNA 的新型 CRISPR 基因编辑系统	8	1394	2016.3

续表

类型和序号	前沿名	核心论文/篇	被引频次	核心论文平均出版年
热点前沿6	人工合成基因组	17	1736	2016
热点前沿7	衰老和年龄相关疾病中的细胞衰老：从机制到治疗	34	5312	2015.9
热点前沿8	DNA 甲基化与衰老表观遗传时钟理论	20	3011	2015.9
热点前沿9	一种新的细胞死亡模式——铁死亡	19	2354	2015.9
热点前沿10	组织驻留记忆 T 细胞及其肿瘤免疫保护机制	25	2628	2015.8
新兴前沿1	环状 RNA 作为癌症新的生物标志物	11	185	2018
新兴前沿2	用于疾病建模和药物筛选的肿瘤近生理类有机物培养系统	5	137	2017.8
新兴前沿3	FOXO 蛋白转录因子在癌症中的新作用	6	78	2017.8
新兴前沿4	新一代超敏 Xpert MTB RIF Ultra 检测法快速检测结核病	3	86	2017.7
新兴前沿5	巨型病毒的翻译机制	3	62	2017.7
新兴前沿6	单细胞水平下的细胞谱系追踪	14	484	2017.6

表 12.20　生物科学领域 Top5 国家 16 个前沿的研究前沿热度指数得分及排名

前沿	研究前沿热度指数					排名				
	美国	中国	英国	意大利	德国	美国	中国	英国	意大利	德国
前沿汇总	28.28	12.36	9.78	5.27	4.84	1	2	3	4	5
热点前沿1	1.20	0.85	0.89	0.18	0.26	1	3	2	9	7
热点前沿2	2.52	0.18	0.55	0.07	0.38	1	5	2	9	3
热点前沿3	0.48	0.25	1.81	0.12	0.17	2	3	1	10	5
热点前沿4	0.46	0.29	0.04	1.98	0.14	4	6	17	1	8
热点前沿5	2.65	0.40	0.57	0.01	0.61	1	10	4	23	3
热点前沿6	2.46	0.96	1.01	0.03	0.18	1	3	2	17	6
热点前沿7	1.96	0.36	0.53	0.11	0.29	1	5	3	10	6
热点前沿8	2.33	0.35	1.08	0.37	0.77	1	6	2	5	3
热点前沿9	2.51	0.62	0.33	0.16	0.97	1	3	5	8	2
热点前沿10	1.68	0.09	0.25	0.04	0.12	1	12	4	17	9
新兴前沿1	0.34	3.32	—	—	0.01	2	1	—	—	5
新兴前沿2	1.88	0.17	1.00	0.05	0.12	1	7	3	12	8
新兴前沿3	0.23	3.18	—	0.11	0.03	2	1	—	3	13
新兴前沿4	3.08	1.06	1.10	1.85	0.12	1	10	9	4	16
新兴前沿5	2.05	0.06	0.07	0.04	0.08	1	13	11	17	10
新兴前沿6	2.45	0.22	0.55	0.15	0.59	1	4	3	7	2

注：相应序号的热点前沿和新兴前沿的前沿名称等基本信息见表 12.19。

12.2.6 化学与材料科学领域：第1名中国的热度指数得分是第2名美国的两倍多，但在具体研究前沿上中美各具优势；德国、新加坡和英国分列第3至第5

在化学与材料科学领域，中国的研究前沿热度指数得分为26.53分，是美国的2倍多，排名第1，具有明显的比较优势。美国得分为13.03分，排名第2。德国、新加坡和英国得分分别为4.44分、4.21分和4.02分，排第3~5名。在7个指标上中国和美国始终分列第1和第2名，德国、新加坡和英国在几个指标上的排名略有变化（表12.21）。

表12.21 化学与材料科学领域Top5国家研究前沿热度指数及分指标得分与排名

指标名称	得分					排名				
	中国	美国	德国	新加坡	英国	中国	美国	德国	新加坡	英国
国家研究前沿热度指数	26.53	13.03	4.44	4.21	4.02	1	2	3	4	5
国家贡献度	15.45	6.85	2.42	1.83	2.15	1	2	3	5	4
国家核心论文份额	7.50	3.97	1.38	1.25	1.40	1	2	4	5	3
国家施引论文份额	7.95	2.88	1.04	0.58	0.75	1	2	3	7	5
国家影响度	11.08	6.18	2.02	2.38	1.87	1	2	4	3	5
国家核心论文被引频次份额	6.85	4.63	1.38	1.53	1.44	1	2	5	3	4
国家施引论文被引频次份额	4.23	1.55	0.64	0.85	0.43	1	2	4	3	6

在该领域15个研究前沿（表12.22、表12.23）中，中国在8个前沿的研究前沿热度指数排名第1（占比一半以上），其中包括热点前沿1、4、7和10以及新兴前沿2、3、4和5。美国在4个前沿的研究前沿热度指数排名第1，包括热点前沿2、5、6和8。

在该领域的15个前沿中，中国有14个前沿排名前3。只在热点前沿5排名第6。美国在11个前沿排名前3。中美两国在该领域的表现远超其他国家，相对来说中国在该领域的表现更为突出。

德国在热点前沿3排名第1，新加坡在新兴前沿1排名第1，英国在热点前沿9排名第1。

表12.22 化学与材料科学领域热点前沿和新兴前沿基本信息

类型和序号	前沿名	核心论文/篇	被引频次	核心论文平均出版年
热点前沿1	过渡金属催化的电化学促进的碳氢键官能团化反应	49	2401	2017.2
热点前沿2	过渡金属催化的酰胺碳氮键活化	42	2787	2016.7
热点前沿3	钳形锰络合物有机催化剂	36	2221	2016.7
热点前沿4	有机超长磷光材料	26	1838	2016.6

续表

类型和序号	前沿名	核心论文/篇	被引频次	核心论文平均出版年
热点前沿 5	机器学习预测分子性质	33	1852	2016.5
热点前沿 6	电化学合成氨	28	2181	2016.4
热点前沿 7	界面光蒸汽转化	30	2934	2016.3
热点前沿 8	无铅钙钛矿吸光层材料	24	2562	2016.2
热点前沿 9	分子机器	19	2366	2016.1
热点前沿 10	高能量密度聚合物纳米复合材料	20	2473	2016
新兴前沿 1	半导体聚合物用于光热治疗	10	274	2017.8
新兴前沿 2	远端迁移策略实现非活化烯烃的双官能化	9	256	2017.8
新兴前沿 3	BiV(W)O$_4$可见光光催化剂	9	229	2017.8
新兴前沿 4	杂原子掺杂的碳纳米材料用于锌空气电池	11	298	2017.7
新兴前沿 5	氧气作为氧化剂和氧源用于合成含氧化合物	3	133	2017.7

表 12.23 化学与材料科学领域 Top5 国家 15 个前沿的国家研究前沿热度指数得分及排名

前沿	国家研究前沿热度指数					排名				
	中国	美国	德国	新加坡	英国	中国	美国	德国	新加坡	英国
前沿汇总	26.53	13.03	4.44	4.21	4.02	1	2	3	4	5
热点前沿 1	1.46	0.90	0.67	0.01	0.07	1	2	3	17	6
热点前沿 2	0.96	1.69	0.29	0.00	0.03	2	1	3	22	12
热点前沿 3	0.39	0.29	1.16	0.03	0.11	3	5	1	17	12
热点前沿 4	2.87	0.14	0.03	0.34	0.31	1	6	9	2	3
热点前沿 5	0.25	1.78	0.88	0.01	0.73	6	1	2	24	4
热点前沿 6	0.87	1.48	0.15	0.07	0.16	2	1	6	13	5
热点前沿 7	1.80	1.57	0.06	0.10	0.05	1	2	11	10	13
热点前沿 8	1.00	1.32	0.26	0.21	0.82	2	1	5	7	3
热点前沿 9	0.57	0.63	0.19	0.02	1.20	3	2	8	20	1
热点前沿 10	2.65	1.05	0.02	0.02	0.12	1	2	9	11	4
新兴前沿 1	1.65	0.70	0.01	2.26	—	2	3	13	1	—
新兴前沿 2	2.95	0.10	0.32	0.03	0.02	1	2	7	10
新兴前沿 3	3.39	0.05	0.02	0.15	0.03	1	5	16	3	9
新兴前沿 4	3.08	0.43	0.19	0.95	0.35	1	4	8	2	5
新兴前沿 5	2.64	0.90	0.19	0.01	0.02	1	2	3	12	11

注：相应序号的热点前沿和新兴前沿的前沿名称等基本信息见表 12.22。

12.2.7 物理学领域：美国全面领先，中国超过德国成为第 2 名，英国和瑞士分列第 4 和第 5

在物理学领域，美国的研究前沿热度指数为 18.68 分，约是第 2 名中国的 2 倍，呈全面领先之势。中国和德国得分分别为 9.43 分和 7.96 分。英国和瑞士分别以 5.24 分和 3.62 分排名第 4 和第 5。美国和英国在 7 个指标上排名完全一致，中国、德国和瑞士略有变化（表 12.24）。

表 12.24 物理学领域 Top5 国家研究前沿热度指数及分指标得分与排名

指标名称	得分					排名				
	美国	中国	德国	英国	瑞士	美国	中国	德国	英国	瑞士
国家研究前沿热度指数	18.68	9.43	7.96	5.24	3.62	1	2	3	4	5
国家贡献度	9.77	5.95	4.67	2.54	1.74	1	2	3	4	6
国家核心论文份额	6.06	2.45	2.91	1.59	1.12	1	3	2	4	5
国家施引论文份额	3.71	3.50	1.76	0.95	0.62	1	2	3	4	8
国家影响度	8.91	3.48	3.29	2.70	1.88	1	2	3	4	5
国家核心论文被引频次份额	7.02	2.53	2.44	2.00	1.36	1	2	3	4	5
国家施引论文被引频次份额	1.89	0.95	0.85	0.70	0.52	1	2	3	4	5

在物理学领域的 12 个研究前沿（表 12.25、表 12.26）中，美国在 8 个研究前沿的研究前沿热度指数排名第 1；排名第 2 的 3 个前沿分别是热点前沿 2、4 和 7，只有新兴前沿 2 排名第 6。

中国在热点前沿 2、4、7 这 3 个前沿排名第 1，在热点前沿 10 排名第 2，其他前沿排名均在第 5 名及以后。德国在热点前沿 3、5、7、8、9 和新兴前沿 1 这 6 个前沿排第 2~3 名。英国在热点前沿 6、新兴前沿 1 这 2 个前沿排名第 2。瑞士在新兴前沿 2 排名第 1，其他前沿的排名差异较大。

表 12.25 物理学领域热点前沿和新兴前沿基本信息

类型和序号	前沿名	核心论文/篇	被引频次	核心论文平均出版年
热点前沿 1	量子力学模型 Sachdev-Ye-Kitaev 模型研究	24	1813	2016.5
热点前沿 2	新型深紫外非线性光学晶体材料的合成和性质研究	31	2418	2016.4
热点前沿 3	量子自旋液体的理论和实验研究	40	3383	2016
热点前沿 4	氮族二维材料锑烯、砷烯和铋烯的特性研究	15	1789	2015.9
热点前沿 5	凝聚态物理中的马约拉纳费米子研究	50	6751	2015.7
热点前沿 6	金属纳米结构表面等离激元性质研究	36	3725	2015.7
热点前沿 7	四夸克态和五夸克态的实验和理论研究	40	3635	2015.7

续表

类型和序号	前沿名	核心论文/篇	被引频次	核心论文平均出版年
热点前沿 8	周期性驱动量子系统的特性研究	23	2597	2015.7
热点前沿 9	光学原子钟研究	18	2385	2015.7
热点前沿 10	拓扑声子晶体和拓扑声学机制研究	20	2179	2015.7
新兴前沿 1	基于无时序相关函数的量子多体系统研究	6	133	2017.8
新兴前沿 2	B介子反常研究	7	147	2017.7

表 12.26 物理学领域 Top5 国家 12 个前沿的国家研究前沿热度指数得分及排名

前沿	国家研究前沿热度指数					排名				
	美国	中国	德国	英国	瑞士	美国	中国	德国	英国	瑞士
前沿汇总	18.68	9.43	7.96	5.24	3.62	1	2	3	4	5
热点前沿 1	2.37	0.16	0.09	0.25	0.14	1	7	10	5	8
热点前沿 2	1.03	2.67	0.06	0.02	0.01	2	1	4	11	23
热点前沿 3	1.69	0.25	1.53	0.63	0.16	1	8	2	4	11
热点前沿 4	1.22	1.91	0.35	0.02	0.11	2	1	4	13	10
热点前沿 5	1.71	0.47	0.60	0.05	0.28	1	5	3	16	6
热点前沿 6	1.19	0.38	0.49	0.61	0.03	1	5	4	2	23
热点前沿 7	1.51	2.09	1.34	0.47	0.64	2	1	3	13	9
热点前沿 8	1.68	0.14	0.65	0.22	0.27	1	12	2	10	7
热点前沿 9	1.78	0.28	1.31	0.34	0.15	1	7	2	5	14
热点前沿 10	1.43	0.94	0.09	0.05	0.29	1	2	7	9	4
新兴前沿 1	2.67	0.02	0.92	1.95	0.06	1	16	3	2	9
新兴前沿 2	0.40	0.12	0.53	0.63	1.48	6	8	5	4	1

注：相应序号的热点前沿和新兴前沿的前沿名称等基本信息见表 12.25。

12.2.8 天文学与天体物理学领域：美国霸主地位稳固，德国、英国、日本、法国分列第 2 至第 5，中国位列第 11

在天文学与天体物理学领域，美国的研究前沿热度指数得分 30.98 分，稳居世界第 1，霸主地位稳定。德国以 17.13 分排名第 2，英国以 16.28 分排名第 3，两国实力接近。日本（11.25 分）和法国（11.12 分）紧随其后。中国以 6.91 分排名第 11，尽管表现并不突出，但较 2018 年的第 19 名有明显进步（表 12.27）。

表 12.27　天文学与天体物理学领域 Top5 国家＋中国的国家研究前沿热度指数及分指标得分与排名

指标名称	得分						排名					
	美国	德国	英国	日本	法国	中国	美国	德国	英国	日本	法国	中国
国家研究前沿热度指数	30.98	17.13	16.28	11.25	11.12	6.91	1	2	3	4	5	11
国家贡献度	16.87	8.71	8.54	5.66	5.49	3.81	1	2	3	4	5	10
国家核心论文份额	10.19	5.78	5.59	3.77	3.62	2.00	1	2	3	4	5	11
国家施引论文份额	6.68	2.93	2.95	1.89	1.87	1.81	1	3	2	4	5	7
国家影响度	14.11	8.42	7.74	5.59	5.63	3.10	1	2	3	5	4	12
国家核心论文被引频次份额	10.51	6.43	5.84	4.30	4.11	2.30	1	2	3	4	5	11
国家施引论文被引频次份额	3.60	1.99	1.90	1.29	1.52	0.80	1	2	3	7	4	14

在该领域的 13 个前沿（表 12.28、表 12.29）中，美国占绝对的优势，11 个前沿的研究前沿热度指数排名第 1，在热点前沿 2 和 9 排名第 2、第 3。

德国则在 6 个前沿中排名第 2，在热点前沿 8 排名第 3。英国在热点前沿 9 排名第 1，在 5 个前沿中排第 2～3 名。日本在热点前沿 7 和新兴前沿 1 上排名第 3、第 2。法国在热点前沿 2 排名第 1，在热点前沿 6、8 和 10 这 3 个前沿排第 2～3 名。

中国在 5 个前沿排名在前 10 名，排名最高的是新兴前沿 3，排名第 5，其他前沿排名均靠后。

表 12.28　天文学与天体物理学领域热点前沿和新兴前沿基本信息

类型和序号	前沿名	核心论文/篇	被引频次	核心论文平均出版年
热点前沿 1	对双中子星并合引力波事件 GW170817 的多信使观测	37	2462	2017.3
热点前沿 2	标量-张量引力修正理论及引力波事件的影响	26	2030	2016.6
热点前沿 3	基于"阿塔卡马大型毫米/亚毫米波阵列"（ALMA）、"甚大望远镜"（VLT）等对原行星盘的观测研究	20	1780	2016.1
热点前沿 4	对双黑洞并合引力波事件的观测和理论研究	6	4614	2016
热点前沿 5	快速射电暴的观测和理论研究	21	2273	2016
热点前沿 6	通过多种方法测量哈勃常数	15	3154	2015.5
热点前沿 7	南极"冰立方中微子天文台"（IceCube）和"费米伽马射线空间望远镜"对高能中微子和伽马射线的观测研究	25	3896	2015.1
热点前沿 8	对银心伽马射线超出现象的多种理论解释	20	2903	2014.8
热点前沿 9	利用宇宙流体动力学模拟方法研究星系形成演化	11	3094	2014.7
热点前沿 10	利用"哈勃空间望远镜"（HST）开展宇宙早期暗淡星系性质研究	16	2736	2014.6
新兴前沿 1	昴星团望远镜主焦点相机战略计划及其巡天观测发现	16	491	2018
新兴前沿 2	基于 21 厘米超精细谱线观测研究早期宇宙中的暗物质	8	173	2018
新兴前沿 3	基于引力波多信使观测约束中子星的质量、半径和状态方程	8	267	2017.8

表 12.29　天文学与天体物理学领域 Top5 国家 + 中国 13 个前沿的国家研究前沿热度指数得分及排名

前沿	国家研究前沿热度指数						排名					
	美国	德国	英国	日本	法国	中国	美国	德国	英国	日本	法国	中国
前沿汇总	30.98	17.13	16.28	11.25	11.12	6.91	1	2	3	4	5	11
热点前沿 1	2.53	1.02	1.22	0.72	0.71	0.40	1	4	2	7	8	16
热点前沿 2	1.12	0.59	1.12	0.55	1.18	0.31	2	4	3	6	1	11
热点前沿 3	2.56	2.16	1.10	0.47	1.33	0.34	1	2	6	9	5	13
热点前沿 4	2.75	2.24	2.24	2.12	2.11	2.11	1	2	3	5	6	7
热点前沿 5	2.27	1.67	1.19	0.27	0.26	0.74	1	2	5	11	12	7
热点前沿 6	2.44	1.13	1.98	0.68	1.50	0.72	1	5	2	10	3	9
热点前沿 7	2.70	2.12	1.74	1.97	1.12	0.75	1	2	4	3	9	17
热点前沿 8	2.32	0.65	0.32	0.45	0.67	0.35	1	3	13	8	2	12
热点前沿 9	2.31	2.32	2.48	0.09	0.51	0.08	3	2	1	15	4	13
热点前沿 10	2.86	0.87	2.18	0.74	1.09	0.22	1	6	2	7	3	14
新兴前沿 1	2.68	1.16	0.32	2.65	0.49	0.35	1	5	12	2	8	11
新兴前沿 2	2.33	0.04	0.09	0.10	0.06	0.14	1	21	10	9	16	8
新兴前沿 3	2.11	1.16	0.30	0.44	0.09	0.40	1	2	8	4	14	5

注：相应序号的热点前沿和新兴前沿的前沿名称等基本信息见表 12.28。

12.2.9　数学、计算机科学与工程学领域：中国表现最为活跃，美国位列第 2，沙特阿拉伯、英国和土耳其位列第 3 至第 5

在数学、计算机科学与工程学领域，中国表现最活跃，国家研究前沿热度指数得分为 33.55 分，排名第 1，是排名第 2 的美国（10.75 分）的 3 倍多。沙特阿拉伯、英国、土耳其的得分分别为 6.00 分、4.99 分和 3.79 分，分别排第 3~5 名。国家研究前沿热度指数、国家贡献度和国家影响度三个指标上 Top5 国家的排序完全一致（表 12.30）。

表 12.30　数学、计算机科学与工程学领域 Top5 国家研究前沿热度指数及分指标得分与排名

指标名称	得分					排名				
	中国	美国	沙特阿拉伯	英国	土耳其	中国	美国	沙特阿拉伯	英国	土耳其
国家研究前沿热度指数	33.55	10.75	6.00	4.99	3.79	1	2	3	4	5
国家贡献度	19.93	5.92	3.13	2.73	2.08	1	2	3	4	5
国家核心论文份额	10.26	3.53	1.87	1.70	1.42	1	2	3	4	5
国家施引论文份额	9.67	2.39	1.26	1.03	0.66	1	2	3	4	6

续表

指标名称	得分					排名				
	中国	美国	沙特阿拉伯	英国	土耳其	中国	美国	沙特阿拉伯	英国	土耳其
国家影响度	13.62	4.83	2.87	2.26	1.71	1	2	3	4	5
国家核心论文被引频次份额	10.15	3.70	2.31	1.72	1.33	1	2	3	4	5
国家施引论文被引频次份额	3.47	1.13	0.56	0.54	0.38	1	2	3	4	6

在该领域 15 个前沿（表 12.31、表 12.32）中，中国在 10 个前沿的研究前沿热度指数排名第 1，在热点前沿 1、4 和新兴前沿 2、3 这 4 个前沿上排第 2~3 名，在热点前沿 7 排名第 5。

美国在热点前沿 4 和新兴前沿 2 排名第 1，在热点前沿 2、3、6、7、8、9、10，以及新兴前沿 1 等 8 个前沿排第 2~3 名。沙特阿拉伯在热点前沿 1 上排名第 1，在热点前沿 5 和新兴前沿 4、5 这 3 个前沿上排第 2~3 名。英国在热点前沿 3、5 和 9 排第 2~3 名。土耳其在新兴前沿 3 上排名第 1。

表 12.31 数学、计算机科学与工程学领域热点前沿和新兴前沿基本信息

类型和序号	前沿名	核心论文/篇	被引频次	核心论文平均出版年
热点前沿 1	高阶非线性薛定谔方程孤子解求解及其在光通信领域的应用	46	1122	2017.3
热点前沿 2	基于 D 数理论、DEMATEL 方法以及 TOP SIS 理论的决策方法研究	48	2070	2016.7
热点前沿 3	水下瞬态空化湍流的数值模拟研究	32	1233	2016.6
热点前沿 4	无人机中继网络的部署和轨迹优化	21	1086	2016.6
热点前沿 5	时滞系统稳定性分析方法研究	22	975	2016.6
热点前沿 6	高温构件寿命预测及可靠性评估	21	775	2016.6
热点前沿 7	Ga_2O_3 材料生长及器件研制	32	1901	2016.5
热点前沿 8	云计算环境中的数据安全研究	43	7221	2016.1
热点前沿 9	非正交多路访问网络	47	3525	2016.1
热点前沿 10	电动汽车用锂离子电池的荷电状态估计	45	2340	2016.1
新兴前沿 1	工业传感器网络及智能城市等	45	939	2017.9
新兴前沿 2	卷积神经网络在磁共振图像处理中的应用	9	156	2017.8
新兴前沿 3	时间分数阶发展方程求解	8	139	2017.8
新兴前沿 4	基于最小二乘的迭代参数估计算法及其应用	22	404	2017.6
新兴前沿 5	马尔可夫跳跃系统的 H^∞ 控制	12	357	2017.6

表 12.32 数学、计算机科学与工程学领域 Top5 国家 15 个前沿的国家研究前沿热度指数及排名

前沿	国家研究前沿热度指数					排名				
	中国	美国	沙特阿拉伯	英国	土耳其	中国	美国	沙特阿拉伯	英国	土耳其
前沿汇总	33.55	10.75	6.00	4.99	3.79	1	2	3	4	5
热点前沿 1	1.79	0.42	2.21	0.00	0.85	2	8	1	26	5
热点前沿 2	2.89	0.67	0.00	0.07	0.06	1	2	38	7	8
热点前沿 3	2.73	0.37	0.01	0.44	0.00	1	3	20	2	41
热点前沿 4	0.79	1.00	0.03	0.32	0.31	2	1	21	8	9
热点前沿 5	3.20	0.01	2.02	1.49	0.00	1	13	2	3	19
热点前沿 6	3.01	0.65	0.01	0.04	—	1	2	17	13	—
热点前沿 7	0.24	1.45	0.00	0.01	0.00	5	2	15	17	29
热点前沿 8	3.17	0.76	0.09	0.16	0.00	1	2	9	5	33
热点前沿 9	1.76	1.01	0.02	1.31	0.02	1	3	17	2	21
热点前沿 10	2.40	0.98	0.01	0.11	0.01	1	2	27	2	23
新兴前沿 1	2.92	1.14	0.07	0.05	—	1	2	7	9	—
新兴前沿 2	0.73	2.13	—	0.61	—	3	1	—	4	—
新兴前沿 3	1.20	0.13	0.13	—	2.54	3	7	6	—	1
新兴前沿 4	3.18	0.02	0.86	0.22	—	1	5	2	4	—
新兴前沿 5	3.54	0.01	0.53	0.16	0.00	1	13	3	5	16

注：相应序号的热点前沿和新兴前沿的前沿名称等基本信息见表 12.31。

12.2.10 经济学、心理学及其他社会科学领域：美国表现最为活跃，优势明显，中国排名第2，稳中有升，英国、德国和荷兰位列第3至第5

在经济学、心理学及其他社会科学领域，美国的国家研究前沿热度指数得分为 15.52 分，稳居第 1，表现最活跃。中国得分为 9.21 分，排名升至第 2。英国、德国和荷兰以 6.31 分、6.12 分和 5.59 分，排第 3～5 名。美国在 7 个指标上均排名第 1，中国在 6 个指标上排名第 2，只有国家核心论文被引频次份额排名第 4，影响力有待提升（表 12.33）。

表 12.33 经济学、心理学及其他社会科学领域 Top5 国家研究前沿热度指数及分指标与排名

指标名称	得分					排名				
	美国	中国	英国	德国	荷兰	美国	中国	英国	德国	荷兰
国家研究前沿热度指数	15.52	9.21	6.31	6.12	5.59	1	2	3	4	5
国家贡献度	8.28	5.63	3.45	2.94	2.39	1	2	3	4	5

续表

指标名称	得分					排名				
	美国	中国	英国	德国	荷兰	美国	中国	英国	德国	荷兰
国家核心论文份额	4.76	2.33	1.81	1.73	1.72	1	2	3	4	5
国家施引论文份额	3.52	3.30	1.64	1.21	0.67	1	2	3	4	7
国家影响度	7.24	3.58	2.86	3.18	3.20	1	2	5	4	3
国家核心论文被引频次份额	4.63	2.04	1.72	2.13	2.40	1	4	5	3	2
国家施引论文被引频次份额	2.61	1.54	1.14	1.05	0.80	1	2	3	4	5

在该领域的12个研究前沿（表12.34、表12.35）中，美国在8个前沿上均排名第1，只在热点前沿4和6这2个前沿排名第3，在热点前沿9排名第4，在新兴前沿1排名第8。中国在热点前沿6和新兴前沿1这2个前沿排名第1，在热点前沿3和5排名第3。英国在热点前沿2、3、5、8和10这5个前沿排第2~3名。德国在热点前沿1、4、7、8和新兴前沿2这5个前沿排第2~3名。荷兰在热点前沿4和9排名第1。

表12.34 经济学、心理学及其他社会科学领域热点前沿和新兴前沿基本信息

类型和序号	前沿名	核心论文/篇	被引频次	核心论文平均出版年
热点前沿1	基于共享社会经济的预测问题研究	13	893	2016.5
热点前沿2	共享经济的若干问题研究	27	1414	2016.1
热点前沿3	智能手机成瘾的原因及对人身心健康的负面影响	21	1136	2016
热点前沿4	偏好最小二乘结构方程模型（PLS-SEM）及其应用	14	1479	2015.9
热点前沿5	大数据分析在商业管理中的应用	42	2239	2015.8
热点前沿6	能源消耗及碳排放的分解分析方法	39	2215	2015.8
热点前沿7	在线众筹背景下投资者行为研究	25	1310	2015.8
热点前沿8	大脑功能结构及连接模式的fMRI研究方法	10	1147	2015.8
热点前沿9	多区域投入产出模型在世界经济和资源环境研究中的应用	21	1723	2015.6
热点前沿10	社会隔离（孤立）对人身心健康的影响	13	1098	2015.6
新兴前沿1	多属性（目标）决策的一些新模型	6	100	2018
新兴前沿2	工业4.0及其影响	9	152	2017.8

表 12.35　经济学、心理学及其他社会科学领域 Top5 国家 12 个前沿的国家研究前沿热度指数得分及排名

前沿	国家研究前沿热度指数					排名				
	美国	中国	英国	德国	荷兰	美国	中国	英国	德国	荷兰
前沿汇总	15.52	9.21	6.31	6.12	5.59	1	2	3	4	5
热点前沿 1	2.13	0.18	0.37	1.64	1.31	1	15	10	2	4
热点前沿 2	0.82	0.28	0.58	0.36	0.17	1	6	3	4	10
热点前沿 3	1.18	0.50	0.91	0.35	0.19	1	3	2	5	13
热点前沿 4	1.27	0.14	0.12	1.36	1.52	3	11	14	2	1
热点前沿 5	1.10	0.85	1.08	0.15	0.14	1	3	2	13	14
热点前沿 6	0.40	2.26	0.39	0.03	0.12	3	1	4	15	8
热点前沿 7	1.86	0.28	0.31	0.57	0.25	1	7	5	2	9
热点前沿 8	2.83	0.35*	0.85	0.41	0.35 *	1	4	2	3	5
热点前沿 9	0.69	0.41	0.42	0.55	1.29	4	8	7	5	1
热点前沿 10	2.07	0.19	1.11	0.09	0.25	1	5	2	7	4
新兴前沿 1	0.02	3.43	0.03	0.02	—	8	1	7	8	—
新兴前沿 2	1.15	0.34	0.14	0.59	—	1	5	7	3	—

注：相应序号的热点前沿和新兴前沿的前沿名称等基本信息见表 12.34，标记 * 的两个数字，四舍五入保留两位小数时显示相同，实际不同，所以排名不同。

第13章　中美研究前沿科研实力比较研究

改革开放以来，我国的科技事业蓬勃发展，科技实力持续增强，第六个五年计划（1981~1985年）期间，我国SCI论文数量仅仅排名世界第26名。到第十个五年计划（2001~2005年）期间，我国SCI论文数量排名已经提高到世界第7名。"十一五"期间中国超过德国，成为第3名。到"十二五"期间，中国又超过英国，成为世界第2名，排名仅次于美国。近年来，我国国际科技论文数量连续多年稳居世界第2名，并获得了一系列举世瞩目的科研成果，成为具有重要影响力和竞争力的科技大国（表13.1）。

表13.1　世界主要国家SCI论文数排名

国家	"六五"时期 1981~1985年	"七五"时期 1986~1990年	"八五"时期 1991~1995年	"九五"时期 1996~2000年	"十五"时期 2001~2005年	"十一五"时期 2006~2010年	"十二五"时期 2011~2015年	"十三五"时期 2016年	2017年	2018年	2019年
美国	1	1	1	1	1	1	1	1	1	1	1
中国	26	17	15	12	7	3	2	2	2	2	2
英国	2	2	2	2	2	2	3	3	3	3	3
德国	3	3	4	4	4	4	4	4	4	4	4
日本	4	4	3	3	3	5	5	5	5	5	5
法国	6	6	6	5	5	6	6	6	6	6	6

资料来源：Incites数据库。

在这一系列成绩的背后，如何客观冷静地分析判断我国当前科技发展的真实水平，直接关系到我们对未来发展的安排和部署。事实上，"卓越科学家在最前沿所进行的领先研究"更能体现一个国家的科技先进水平。1965年文献计量学的鼻祖Derek J. de Solla Price[1]将"卓越科学家在最前沿所进行的领先研究"定义为"研究前沿"。同时他用大量的引文分析数据描述"科学研究前沿"的文献计量学本征，即研究前沿是由一组高被引论文和引用这些论文的施引论文组成的，基于de Solla Price对研究前沿的定义，ESI数据库基于引文网络数据将一个抽象的定性概念，转变为可以定量的数据。

基于ESI数据库的研究前沿的数据，中国科学院与科睿唯安从2014年开始发布《研究前沿》年度研究报告，研判科技研究前沿发展的战略方向，敏锐抓住科技创新的突破口和新的生长点。《研究前沿》年度研究报告为国内外了解世界科研状态和全球卓越科学家的最新科技趋势提供了一扇窗。

2019年，中国科学院科技战略咨询研究院、中国科学院文献情报中心和科睿唯安共同发布了《2019研究前沿》[2]和《2019研究前沿热度指数》[3]两个报告，基于共被引聚类分析，遴选了100个热点前沿和37个新兴前沿，揭示了研究领域内最新发展的最受关注的研究焦点和重要研究成果。揭示出中国近年来在多个基础研究领域取得了突破，中国在引领的研究前沿数量上位居第二，在科技研究前沿领域也有一席之地，表现出了一定的竞争力。两个报告的发布对战略科学家和科技决策者了解国家科技发展脉络、制定科技战略规划提供了有力的事实支撑。

为了进一步了解中国与美国的差距，本书在《2019研究前沿》和《2019研究前沿热度指数》两个报告的基础上，从10个领域分别展开中国和美国在137个前沿的国家前沿热度指数及其分指标上的比较分析，分析主要从宏观到微观就特定领域层面到特定研究前沿层面进行，精确揭示研究活力来源。并依据两国在核心论文以及施引论文中贡献的署名通讯作者的论文数及排名判定国家在特定研究前沿的主导地位，以期从重要成果产出的层面识别和分析中美科研核心竞争力，解读中国与美国的差距和优势。

13.1 评价方法

《2019研究前沿》报告先把ESI数据库中21个学科领域的10 587个研究前沿划分到10个高度聚合的大学科领域中，然后对每个大学科领域中的研究前沿的核心论文，按照总被引频次进行排序，提取排在前10%的最具引文影响力的研究前沿。以此数据为基础，再根据核心论文出版年的平均值重新排序，找出那些"最年轻"的研究前沿。通过上述2个步骤在每个大学科领域分别选出10个热点前沿，共计100个热点前沿。因为每个学科领域具有不同的特点和引用行为，有些学科领域中的很多研究前沿在核心论文数和总被引频次上会相对较小，所以从10个大学科领域中分别遴选出的排名前10的热点前沿，代表各大学科领域中最具影响度的研究前沿，但并不一定代表跨数据库（所有学科）中最大最热的研究前沿。《2019研究前沿》还从研究前沿中选取核心论文平均出版年在2017年6月之后的研究前沿，按被引频次排序后选取被引频次100以上的研究前沿，遴选出37个新兴前沿。通过以上两种方法，突出显示了10个高度聚合的大学科领域中的100个热点前沿和37个新兴前沿。

首先我们设计了国家研究前沿热度指数等相关指标，根据各国在100个热点前沿和37个新兴前沿的表现来反映各国在世界科研前沿布局中的态势：

（1）国家研究前沿热度指数，国家研究前沿热度指数是对研究前沿有贡献的国家的核心论文和施引论文的产出规模和影响度的综合评估指标。具体计算方法为

国家研究前沿热度指数 = 国家贡献度 + 国家影响度

（2）国家贡献度，国家贡献度是一个国家对研究前沿贡献的论文数量的相对份额，包括国家参与发表的核心论文占前沿中所有核心论文的份额，以及施引论文占前沿中所有施引论文的份额。具体计算方法为

国家贡献度 = 国家核心论文贡献度（A）+ 国家施引论文贡献度（B）

（3）国家影响度，国家影响度是一个国家对研究前沿贡献的论文被引频次的相对份额，包括国家参与发表的核心论文的被引频次占前沿中所有核心论文的被引频次的份额，以及施引论文的被引频次占前沿中所有施引论文的被引频次的份额。具体计算方法为

国家影响度 = 国家核心论文影响度（C）+ 国家施引论文影响度（D）

（4）国家核心论文贡献度（A），即国家核心论文份额。具体计算方法为

国家核心论文份额 = 国家核心论文数 / 前沿核心论文总数

（5）国家施引论文贡献度（B），即国家施引论文份额。具体计算方法为

国家施引论文份额 = 国家施引论文数 / 前沿施引论文总数

（6）国家核心论文影响度（C），即国家核心论文被引频次份额。具体计算方法为

国家核心论文被引频次份额 = 国家核心论文被引频次 / 前沿核心论文总被引频次

（7）国家施引论文影响度（D），即国家施引论文被引频次份额。具体计算方法为

国家施引论文被引频次份额 = 国家施引论文被引频次 / 前沿施引论文总被引频次

另外，为了反映国家在研究前沿的主导地位，我们又加入了2个指标：

（8）国家通讯作者核心论文贡献度（E），即每个国家在某个研究前沿署名通讯作者的核心论文数量占研究前沿核心论文数量的份额。具体计算方法为

国家通讯作者核心论文份额 = 国家通讯作者核心论文数 / 前沿通讯作者核心论文数

（9）国家通讯作者施引论文贡献度（F），即国家通讯作者施引论文份额。具

体计算方法为

国家通讯作者施引论文份额＝国家通讯作者施引论文／前沿通讯作者施引论文数量

根据国家研究前沿热度指数的数值之间的比较，可以直观地看到中美两国的创新位势。

根据国家研究前沿热度指数的排名分析测算，我们尝试定义某个国家在该前沿的创新位势。具体方法是：研究前沿热度指数排第 1～3 名的国家处于该前沿的创新卓越地位；研究前沿热度指数排第 4～6 名的国家处于该前沿的创新前列地位；研究前沿热度指数排第 7～10 名的国家处于创新行列地位；研究前沿热度指数排第 10 名以后的国家处于该前沿的创新追赶地位。如果某国在指标 E 和 F，甚至指标 A、B、C 和 D 上均没有贡献，即研究前沿的核心论文和施引论文上均没有产出，那么就定义为该国在该前沿处于空白状态。

13.2　中美在各领域的科研实力整体比较分析

13.2.1　各指标数值及其排名

本书从 10 个领域分别展开中国和美国在《2019 研究前沿》100 个热点前沿和 37 个新兴前沿的实力比较分析，以期掌握中国与美国之间的创新位势。

在 10 个领域综合层面，美国研究前沿热度指数等 8 个指标均排名第 1，中国则在 8 个指标上都稳居第 2，只有指标 F 国家通讯作者施引论文贡献度中国排名第 1，美国排名第 2。但是从数值上来看，中美研究前沿热度指数分别为 139.68 和 204.89，中国为美国的 68.17%。中国和美国的国家贡献度分别为 81.70 和 107.35，中国是美国的 76.11%。中国和美国的国家影响度分别为 57.98 和 97.54，中国是美国的 59.44%。指标 E 国家通讯作者核心论文贡献度，中国是美国的 72.27%。指标 F 国家通讯作者施引论文贡献度，中国是美国的 128.71%。从上面中美 9 个指标的对比可以看出，除了指标 F 国家通讯作者施引论文贡献度中国超过美国以外，其他 8 个指标，中国占美国的 56.33%～95.96%。因此从综合指标上可以看出中国与美国在研究前沿位势上仍存在较大差距。

从分领域来看，中国在数学、计算机科学与工程学领域，生态与环境科学领域，化学与材料科学领域等 3 个领域的 9 个指标上均排名第 1，美国均排名第 2。数学、计算机科学与工程学领域的研究前沿热度指数和指标 E 这两个指标更是相当于美国的 3.12 倍和 5.82 倍；化学与材料科学领域，中国的研究前沿热度指数和指标 E 相当于美国的 2.04 倍和 2.20 倍；生态与环境科学领域，中国的研究前沿热度指数和指标 E 相当于美国的 1.27 倍和 1.89 倍。由此可见，这 3 个领域是中国的优势领域。

在其他 7 个领域，中国与美国则表现出一定的差距。

农业、植物学和动物学领域，中国有 7 个指标排名第 2，而美国在这 7 个指标上均排名第1。其中，中国的研究前沿热度指数和指标E分别为美国的72.43%和69.64%。该领域这两个指标最接近10个领域综合层面的平均水平（68.18%和72.27%）。

中国虽然在经济学、心理学及其他社会科学领域，物理学领域，地球科学领域和生物科学领域4个领域的大部分指标上排名第2，美国排名第1，但从数值上来看，中国的研究前沿热度指数和指标E仅仅为美国的一半左右。其中，经济学、心理学及其他社会科学领域，中国的这两个指标分别为美国的59.43%和51.58%；物理学领域，为美国的50.48%和49.22%；地球科学领域则为美国的49.34%和53.56%；生物科学领域则仅为美国的43.71%和41.29%。在这4个领域，中国与美国的差距较大。

临床医学领域，美国在9个指标上均排名第1。中国的研究前沿热度指数排名第9。从数值上来看，中国的研究前沿热度指数仅仅为美国的17.21%。指标E中国排名第5，数值相当于美国的9.68%，表明在该领域中国仍与美国存在巨大差距。

天文学与天体物理学领域，美国在9个指标上均排名第1，中国研究前沿热度指数排名第11，指标E排名第10，从份额上看，中国这两个指标也仅仅相当于美国的22.30%和5.56%（表13.2）。

13.2.2 创新卓越地位

根据国家研究前沿热度指数的排名分析测算，我们尝试定义某个国家在该前沿的创新位势。具体方法是：研究前沿热度指数排第1~3名的国家处于该前沿的创新卓越地位；研究前沿热度指数排第4~6名的国家处于该前沿的创新前列地位；研究前沿热度指数排第7~10名的国家处于创新行列地位；研究前沿热度指数排第10名以后的国家处于该前沿的创新追赶地位。如果某国在指标E和F，甚至指标A、B、C和D上均没有贡献，即研究前沿的核心论文和施引论文上均没有产出，那么就定义为该国在该前沿处于空白状态。

在10个领域的137个前沿中，美国在115个前沿（83.94%）处于创造卓越地位，133个（97.08%）前沿处于创新行列及以上地位（包括创新卓越、创新前列和创新行列），只有4个前沿处于创新追赶地位。

中国则在63个前沿（45.99%）处于创新卓越地位，23个前沿（16.79%）处于创新前列地位，22个前沿（16.06%）处于创新行列地位，29个前沿（21.17%）处于创新追赶前沿地位。中国位于创造卓越的前沿数约为美国的一半，78.83%的前沿处于创新行列及以上地位（包括创新卓越、创新前列和创新行列）。

就分领域来说，其中化学与材料科学领域，数学、计算机科学与工程学领域93.33%的前沿已经进入创新卓越地位，这两个领域是中国的优势领域。

在临床医学领域和天文学与天体物理学领域，中国分别有12个（57.14%）和8个（61.54%）前沿仍处于创新追赶状

表 13.2 十大领域总体及各领域中国和美国的 9 项指标以及发展态势对比

领域	国家	国家研究前沿热度指数	国家贡献度	国家影响度	份额 A	B	C	D	E	F	国家研究前沿热度指数	国家贡献度	国家影响度	排名 A	B	C	D	E	F
十大领域综合	中国	139.68	81.70	57.98	39.69	42.01	38.35	19.63	31.48	36.99	2	2	2	2	2	2	2	2	1
	美国	204.89	107.35	97.54	63.57	43.78	68.08	29.46	43.56	28.74	1	1	1	1	1	1	1	1	2
农业、植物学和动物学	中国	9.43	5.23	4.20	2.38	2.85	2.31	1.89	1.72	2.50	2	2	2	2	2	2	2	2	2
	美国	13.02	6.32	6.70	3.81	2.51	4.26	2.44	2.47	1.55	1	1	1	1	1	1	1	1	1
生态与环境科学	中国	14.23	8.39	5.84	4.22	4.17	3.83	2.01	3.38	3.87	2	2	2	1	2	2	2	2	1
	美国	11.19	5.60	5.59	3.25	2.35	3.66	1.93	1.79	1.54	1	1	2	2	1	1	1	1	2
地球科学	中国	10.92	6.34	4.59	3.26	3.08	2.74	1.85	2.71	2.72	2	2	2	2	2	2	2	2	2
	美国	22.13	11.76	10.37	6.77	4.99	7.37	2.99	5.06	3.36	1	1	1	1	1	1	1	1	1
临床医学	中国	7.11	4.01	3.10	1.66	2.35	1.99	1.11	0.87	2.01	2	2	2	2	2	2	2	2	2
	美国	41.31	21.33	19.98	12.48	8.85	12.73	7.25	8.99	6.85	9	7	10	11	3	10	9	5	1
生物科学	中国	12.36	6.96	5.40	3.64	3.32	3.62	1.78	2.87	2.92	1	1	2	1	1	1	1	1	2
	美国	28.28	14.63	13.66	8.74	5.89	9.57	4.09	6.95	4.25	2	2	2	2	2	2	2	2	1
化学与材料科学	中国	26.53	15.45	11.08	7.50	7.95	6.85	4.23	6.88	7.47	2	2	2	1	1	1	1	1	1
	美国	13.03	6.85	6.18	3.97	2.88	4.63	1.55	3.13	1.87	2	2	2	2	2	2	2	2	2
物理学	中国	9.43	5.95	3.48	2.45	3.49	2.53	0.95	1.89	2.96	2	2	2	3	2	2	2	2	1
	美国	18.68	9.77	8.91	6.06	3.71	7.02	1.89	3.84	2.53	2	1	2	2	1	1	1	1	2
天文学与天体物理学	中国	6.91	3.81	3.10	2.00	1.81	2.30	0.80	0.35	1.08	11	10	12	11	7	11	14	10	3
	美国	30.98	16.87	14.11	10.19	6.68	10.51	3.60	6.30	3.54	1	1	1	1	1	1	1	1	1
数学、计算机科学与工程学	中国	33.55	19.93	13.62	10.26	9.67	10.15	3.47	9.02	8.62	2	2	2	2	1	1	2	1	1
	美国	10.75	5.92	4.83	3.53	2.39	3.70	1.13	1.55	1.05	2	2	2	2	2	2	2	2	2
经济学、心理学及其他社会科学	中国	9.23	5.65	3.58	2.33	3.32	2.04	1.54	1.80	2.85	2	2	2	2	2	4	2	2	1
	美国	15.53	8.29	7.24	4.76	3.53	4.63	2.61	3.49	2.21	1	1	1	1	1	1	1	1	2

注：指标 A：国家核心论文贡献度，指标 B：国家核心论文影响度，指标 C：国家施引论文贡献度，指标 D：国家施引论文影响度，指标 E：国家通讯作者核心论文贡献度，指标 F：国家通讯作者施引论文贡献度。指标 A、C、E 为三个核心论文指标，指标 B、D、F 为三个施引论文指标。

态，其中临床医学领域表现优于天文学与天体物理学领域，天文学与天体物理学领域没有前沿进入创新卓越状态，临床医学领域则有2个前沿处于创新卓越地位，5个前沿（23.81%）处于创新前列地位，2个前沿处于创新行列地位。在天文学与天体物理学领域，1个前沿（7.69%）处于创新前列地位，4个前沿（30.77%）处于创新行列地位。

其他6个领域，83.33%以上的前沿进入创新行列（包括更高的创新卓越、创新前列），一半以上的前沿进入创新前列（包括更高的创新卓越）。在农业、植物学和动物学领域，生态与环境科学领域这2个领域，一半以上的前沿进入创新卓越状态；地球科学领域、生物科学领域、物理学领域和经济学、心理学及其他社会科学领域4个领域进入创新卓越状态的前沿比例分别是45.45%、37.50%、33.33%和33.33%（表13.3）。

表13.3 十大领域总体及各领域中国和美国的创新卓越前沿分析

序号	领域	研究前沿数/个	国家	创新卓越前沿 数量/个	创新卓越前沿 比例/%	创新前列前沿 数量/个	创新前列前沿 比例/%	创新行列前沿 数量/个	创新行列前沿 比例/%	创新追赶前沿 数量/个	创新追赶前沿 比例/%
	十大领域综合	137	中国	63	45.99	23	16.79	22	16.06	29	21.17
			美国	115	83.94	11	8.03	7	5.11	4	2.92
1	农业、植物学和动物学	11	中国	6	54.55	0	0.00	4	36.36	1	9.09
			美国	8	72.73	1	9.09	1	9.09	1	9.09
2	生态与环境科学	11	中国	8	72.73	2	18.18	0	0.00	1	9.09
			美国	7	63.64	1	9.09	2	18.18	1	9.09
3	地球科学	11	中国	5	45.45	2	18.18	3	27.27	1	9.09
			美国	10	90.91	0	0.00	1	9.09	0	0.00
4	临床医学	21	中国	2	9.52	5	23.81	2	9.52	12	57.14
			美国	20	95.24	1	4.76	0	0.00	0	0.00
5	生物科学	16	中国	6	37.50	5	31.25	3	18.75	2	12.50
			美国	15	93.75	1	6.25	0	0.00	0	0.00
6	化学与材料科学	15	中国	14	93.33	1	6.67	0	0.00	0	0.00
			美国	11	73.33	4	26.67	0	0.00	0	0.00
7	物理学	12	中国	4	33.33	2	16.67	4	33.33	2	16.67
			美国	11	91.67	1	8.33	0	0.00	0	0.00
8	天文学与天体物理学	13	中国	0	0.00	1	7.69	4	30.77	8	61.54
			美国	13	100.00	0	0.00	0	0.00	0	0.00
9	数学、计算机科学与工程学	15	中国	14	93.33	1	6.67	0	0.00	0	0.00
			美国	10	66.67	1	6.67	2	13.33	2	13.33
10	经济学、心理学及其他社会科学	12	中国	4	33.33	4	33.33	2	16.67	2	16.67
			美国	10	83.33	1	8.33	1	8.33	0	0.00

13.3 中美在各主要领域具体前沿科研实力比较分析

13.3.1 农业、植物学和动物学领域

农业、植物学和动物学领域共遴选出 11 个前沿，根据中国的表现可以分为 3 组，分别是 6 个创新卓越的前沿，占 54.55%，4 个创新行列的前沿，1 个创新追赶的前沿。

第 1 组为中国处于创新卓越的 6 个前沿。热点前沿"植物活性多糖的结构和功能研究"，中国在所有指标上都排名第 1；美国在研究前沿热度指数排名第 7。热点前沿"生物炭对农田土壤重金属镉污染的修复作用"，中国在研究前沿热度指数排名第 2，指标 E 排名第 2，其他指标也排名第 1 或第 2；美国研究前沿热度指数排名第 13，核心论文相关指标 A、C 和 E 空白，其他指标排在第 3~15 名。

热点前沿"植物自噬的分子调控机理研究"，中国在指标 B 和指标 F 排名第 1，在其他指标上均排名第 2；相反，美国在指标 B 和指标 F 排名第 2，其他 7 个指标均排名第 1。热点前沿"植物光形态发生的调控机制"，中国在研究前沿热度指数排名第 2，美国排名第 1；指标 E 中国排名第 1，美国排名第 2。热点前沿"调控植物生长和防御的茉莉酸信号传导机制"，中国在研究前沿热度指数排名第 2，指标 E 排名第 2，其他指标均在第 1~3 名；美国在 8 个指标上均排名第 1，只在指标 F 排名第 2。热点前沿"无人机系统在作物表型分析中的应用"，中国在研究前沿热度指数排名第 3，指标 E 排名第 4，其他指标均在第 2~5 名，美国 9 个指标均排名第 1。

第 2 组为中国处于创新行列的 4 个前沿。热点前沿"植物细胞壁中纤维素合成与结构研究及其与木聚糖的互作"，中国在研究前沿热度指数排名第 8，在核心论文相关指标 A、C 和 E 空白，其他指标排在第 2~10 名，在这些前沿上中国缺乏核心论文，但施引论文已经在跟进；美国所有指标都是第 1 名。热点前沿"牛瘤胃微生物组与肠道甲烷排放研究"，中国在研究前沿热度指数排名第 7，指标 E 排名第 3，其他指标排在第 1~9 名；美国除了指标 F 排名第 2 以外，其他指标均排名第 1。

热点前沿"草甘膦除草剂抗性研究"，中国在研究前沿热度指数排名第 7，指标 E 排名第 4，其他指标排在第 2~9 名，跨度较大，其中影响度排名较低；美国在 9 个指标上均排名第 1。

新兴前沿"水稻 *OsAUX1* 基因低磷条件下促进根毛伸长的机理研究"，中国在研究前沿热度指数排名第 7，指标 E 空白，其他指标排在第 2~10 名；美国在研究前沿热度指数排名第 4，指标 E 空白，其他指标排在第 3~6 名。

第 3 组为中国处于创新追赶的 1 个前沿。热点前沿"植物生物刺激剂在促进蔬果作物生长和提高抗逆性中的作用"，中国在研究前沿热度指数排名第 14，指标 A、C、E 三个核心论文指标均空白，指标 B、D、F 三个施引论文指标排名第 5、第 12 和第 3；美国在研究前沿热度指数排名第 2，指标 E 排名第 2，其他指标排在第 1~5 名（表 13.4）。

第13章 中美研究前沿科研实力比较研究

表13.4 农业、植物学和动物学领域11个前沿中国和美国9个指标得分和排名对比

序号	前沿名称	国家	国家研究前沿热度指数	国家贡献度	国家影响度	份额 A	B	C	D	E	F	国家研究前沿热度指数	国家贡献度	国家影响度	排名 A	B	C	D	E	F
1	生物炭对农田土壤重金属镉污染的修复作用	中国	1.81	1.03	0.78	0.52	0.51	0.45	0.33	0.38	0.45	2	1	2	2	1	2	2	2	1
		美国	0.16	0.11	0.05	0.00	0.11	0.00	0.05	0.00	0.03	13	10	15	—	3	—	10	—	3
2	植物自噬的分子调控机理研究	中国	1.32	0.58	0.74	0.30	0.28	0.48	0.26	0.19	0.22	2	2	2	2	1	2	2	2	1
		美国	1.49	0.66	0.83	0.41	0.25	0.52	0.31	0.33	0.17	1	1	1	1	2	1	1	1	2
3	植物光形态发生的调控机制	中国	0.85	0.54	0.31	0.22	0.32	0.18	0.13	0.22	0.30	2	2	4	3	1	4	2	1	1
		美国	1.39	0.66	0.73	0.41	0.25	0.54	0.19	0.19	0.12	1	1	1	1	2	1	1	2	2
4	植物活性多糖的结构和功能研究	中国	2.22	1.10	1.12	0.52	0.58	0.61	0.51	0.52	0.57	1	1	1	1	1	1	1	1	1
		美国	0.19	0.11	0.08	0.04	0.07	0.03	0.05	0.00	0.01	7	6	8	8	4	11	4	—	13
5	植物细胞壁中纤维素合成与结构研究及其与木聚糖的互作	中国	0.19	0.12	0.07	0.00	0.12	0.00	0.07	0.00	0.09	8	7	10	—	2	—	3	—	2
		美国	2.03	1.08	0.95	0.68	0.40	0.59	0.36	0.68	0.29	1	1	1	1	1	1	1	1	1
6	植物生物调激剂在促进蔬果作物生长和提高抗逆性中的作用	中国	0.10	0.07	0.03	0.00	0.07	0.00	0.03	0.00	0.06	14	14	15	—	5	—	12	—	3
		美国	0.93	0.31	0.62	0.20	0.11	0.42	0.20	0.07	0.06	2	2	1	2	3	1	1	1	5
7	调控植物生长信号与传导机制	中国	0.77	0.51	0.26	0.25	0.26	0.14	0.12	0.20	0.22	2	2	3	2	3	3	2	2	1
		美国	1.60	0.72	0.88	0.43	0.29	0.64	0.24	0.30	0.20	1	1	1	1	2	1	1	1	2
8	牛瘤胃微生物组与肠道甲烷排放研究	中国	0.45	0.28	0.17	0.10	0.18	0.09	0.08	0.10	0.16	7	4	9	8	4	8	9	3	1
		美国	1.32	0.62	0.70	0.38	0.24	0.43	0.27	0.29	0.16	1	1	1	1	1	1	1	1	2
9	草甘膦除草剂抗性研究	中国	0.28	0.21	0.07	0.06	0.15	0.01	0.06	0.06	0.13	7	3	9	4	2	9	5	4	2
		美国	1.33	0.74	0.59	0.41	0.33	0.32	0.27	0.35	0.27	1	1	1	1	1	1	1	1	1
10	无人机系统在作物表型分析中的应用	中国	0.50	0.29	0.21	0.16	0.13	0.16	0.05	0.06	0.10	3	3	4	3	4	4	5	4	1
		美国	1.17	0.63	0.54	0.35	0.28	0.37	0.17	0.26	0.20	1	1	1	1	1	1	1	1	1
11	水稻 OsAUX1 基因低磷条件下促进根毛伸长的机理研究	中国	0.93	0.50	0.43	0.25	0.25	0.17	0.26	0.00	0.19	7	7	8	7	2	10	5	—	2
		美国	1.40	0.69	0.71	0.50	0.19	0.38	0.33	0.00	0.03	4	3	4	3	3	4	3	—	6

注：指标A：国家核心论文贡献度，指标B：国家施引论文贡献度，指标C：国家通讯作者核心论文贡献度，指标D：国家通讯作者核心论文贡献度，指标E：国家核心论文影响度，指标F：国家施引论文影响度。指标A、C、E为三个核心论文指标，指标B、D、F为三个施引论文指标。

13.3.2 生态与环境科学领域

生态与环境科学领域共遴选出11个前沿，包括10个热点前沿和1个新兴前沿。根据中国的表现可以分为3组，包括处于创新卓越地位的8个前沿（72.73%），处于创新前列地位的2个前沿和处于创新追赶地位的1个前沿。

第1组，中国在8个前沿处于创新卓越地位，中国是这些前沿的引领者之一。热点前沿"活性污泥消化技术的机理、工艺与影响因素"，中国所有指标都排名第1；美国研究前沿热度指数排名第7，指标A、C和E三个核心论文指标均空白，其他指标都排第3~7名。热点前沿"微生物种间电子转移的机理及应用"，中国所有指标都排名第1，美国所有指标都排名第2。热点前沿"厌氧氨氧化技术及在污水处理中的应用"，中国研究前沿热度指数和指标E均排名第1，其他指标排在第1~5名；美国研究前沿热度指数排名第5，指标E空白，其他指标排在第2~9名。新兴前沿"环境污染物对肠道微生物菌群的影响"，中国所有指标都排名第1，美国研究前沿热度指数排名第2，指标A、C和E均空白，其他指标排在第2~3名。

热点前沿"金属有机框架材料去除水中污染物"，中国研究前沿热度指数排名第2，指标E排名第2，其他指标排在第1~4名；美国研究前沿热度指数排名第3，指标E排名第2，其他指标排在第2~5名。热点前沿"地表植被覆盖变化对气候的影响"，中国研究前沿热度指数排名第2，指标E排名第1，其他指标排在第1~4名；美国研究前沿热度指数排名第1，指标E排名第3，其他指标排在第1~2名。热点前沿"磷排放及蓝藻水华的污染和健康风险"，中国研究前沿热度指数排名第2，指标E排名第3，其他指标排在第2~4名；美国各指标排名均为第1，二者竞争激烈。

热点前沿"内分泌干扰物的环境特征、人体暴露与健康风险"，中国研究前沿热度指数和指标E均排名第3，其他指标排在第2~13名；美国所有指标均排名第1。

第2组，中国处于创新前列有重要成果产出但尚未形成优势的2个前沿。新兴前沿"利用纳米复合材料吸附去除水中有毒金属离子"，中国研究前沿热度指数和指标E均排名第4，其他指标均排在第1~5名；美国研究前沿热度指数排名第10，指标E空白，其他指标排在第6~13名。热点前沿"用于液体中有毒物质及生物活性物质分析、分离的新型材料的制备与功能"，中国研究前沿热度指数排名第5，指标E排名第4，其他指标排在第1~12名；美国研究前沿热度指数排名第11，指标A、C、E空白，其他指标排在第6~12名。

第3组是中国处于创新追赶地位的1个热点前沿"在全球尺度上对外来物种入侵的监测及影响分析"，中国研究前沿热度指数排名第19，指标E空白，其他指标排在第10~20名；美国有8个指标排名第1，只有指标E排名第2（表13.5）。

第13章 中美研究前沿科研实力比较研究

表13.5 生态与环境科学领域11个前沿中国和美国9个指标得分和排名对比

序号	前沿名称	国家	国家研究前沿热度指数	国家贡献度	国家影响度	得分 A	B	C	D	E	F	国家研究前沿热度指数	国家贡献度	国家影响度	排名 A	B	C	D	E	F
1	活性污泥消化技术的机理、工艺与影响因素	中国	2.78	1.55	1.23	0.86	0.69	0.81	0.42	0.72	0.66	1	1	1	1	1	1	1	1	1
		美国	0.09	0.06	0.03	0.00	0.06	0.00	0.03	0.00	0.02	7	6	7	—	3	—	4	—	7
2	利用纳米复合材料吸附去除水中有毒金属离子	中国	0.91	0.65	0.26	0.24	0.41	0.15	0.11	0.08	0.37	4	2	4	4	4	5	2	4	1
		美国	0.12	0.09	0.03	0.03	0.06	0.01	0.02	0.00	0.01	10	10	11	4	6	12	9	—	13
3	用于液体中有毒物质及生物活性物质分析、分离的新型材料的制备与功能	中国	0.40	0.31	0.09	0.02	0.29	0.00	0.09	0.02	0.28	5	4	7	7	7	7	3	4	1
		美国	0.07	0.04	0.03	0.00	0.04	0.00	0.03	0.00	0.02	11	11	12	—	6	—	6	—	9
4	金属有机框架材料去除水中污染物	中国	0.91	0.61	0.30	0.09	0.52	0.06	0.24	0.09	0.50	2	2	2	2	2	4	1	2	1
		美国	0.33	0.18	0.15	0.09	0.09	0.02	0.13	0.09	0.05	3	3	3	2	3	5	2	2	4
5	地表植被覆盖变化对气候的影响	中国	1.31	0.69	0.62	0.36	0.33	0.50	0.12	0.27	0.28	2	2	2	2	2	2	4	1	1
		美国	2.18	1.07	1.11	0.64	0.43	0.73	0.38	0.18	0.24	1	1	1	1	1	1	1	3	2
6	在全球尺度上对外来物种入侵的监测及影响分析	中国	0.23	0.13	0.10	0.07	0.06	0.07	0.03	0.00	0.03	19	17	20	19	12	19	19	—	10
		美国	1.78	0.87	0.91	0.54	0.33	0.61	0.30	0.24	0.22	1	1	1	1	1	1	1	2	1
7	微生物种间电子转移的机理及应用	中国	2.39	1.33	1.06	0.83	0.50	0.85	0.21	0.61	0.46	1	1	1	1	1	1	1	1	1
		美国	1.58	0.74	0.84	0.50	0.24	0.67	0.17	0.33	0.14	2	2	2	2	2	2	2	2	2
8	厌氧氨氧化技术及在污水处理中的应用	中国	1.40	0.92	0.48	0.44	0.48	0.24	0.24	0.44	0.10	1	1	3	1	1	2	1	1	1
		美国	0.47	0.30	0.17	0.13	0.17	0.06	0.11	0.00	0.14	5	3	7	4	5	5	2	—	2
9	内分泌干扰物的环境特征、人体暴露与健康风险	中国	0.38	0.25	0.13	0.09	0.16	0.04	0.09	0.07	0.14	3	2	8	6	2	9	3	2	2
		美国	1.97	0.96	1.01	0.57	0.39	0.68	0.33	0.39	0.31	1	1	1	1	1	13	1	1	1
10	磷排放及蓝藻水华的污染和健康风险	中国	0.62	0.42	0.20	0.21	0.21	0.11	0.09	0.08	0.18	2	2	4	2	2	2	4	3	2
		美国	2.46	1.19	1.27	0.76	0.43	0.88	0.39	0.55	0.34	1	1	1	1	1	1	4	1	1
11	环境污染物对肠道微生物菌群的影响	中国	2.90	1.54	1.36	1.00	0.54	1.00	0.36	1.00	0.54	1	1	1	1	1	—	1	1	1
		美国	0.16	0.12	0.04	0.00	0.12	0.00	0.04	0.00	0.00	2	3	3	—	3	3	3	2	2

注：指标A：国家核心论文贡献度，指标B：国家施引论文贡献度，指标C：国家核心论文影响度，指标D：国家施引论文影响度，指标E：国家通讯作者核心论文贡献度，指标F：国家通讯作者施引论文贡献度。指标A、C、E为三个核心论文指标，指标B、D、F为三个施引论文指标。

13.3.3 地球科学领域

地球科学领域共遴选出11个前沿，包括10个热点前沿和1个新兴前沿，根据中国的表现可以分为4组，包括处于创新卓越地位的5个前沿（45.45%），处于创新前列地位的2个前沿，处于创新行列地位的3个前沿，以及处于创新追赶地位的1个前沿。

第1组，中国处于创新卓越地位的5个前沿。热点前沿"中国主要城市表层土壤重金属污染来源与风险评估"，中国所有指标都排名第1；美国研究前沿热点指数排名第2，指标E空白，指标F排名第5，其他指标均排名第2。新兴前沿"热损伤对岩石力学特性的影响研究"，中国所有指标都排名第1；美国研究前沿热度指数排名第3，指标E和F空白，其他指标排在第2~5名。

热点前沿"利用热带降雨测量任务和全球降水测量任务开展全球多地区降水分析"，中国研究前沿热度指数排名第2，指标E排名第1，其他指标均排在第1~3名；美国除指标E排名第2外，其他指标均排名第1。

热点前沿"人工神经网络在预测太阳辐射中的应用"，中国研究前沿热度指数和指标E均排名第3，其他指标都排在第1~8名；美国研究前沿热度指数排名第9，指标E空白，其他指标排在第3~12名。热点前沿"元古代时期大气和海洋的氧化作用"，中国研究前沿热度指数排名第3，指标E排名第5，其他指标都排在第2~4名；美国所有指标均排名第1。

第2组，中国处于创新前列地位的2个前沿，美国在"领跑"这些前沿。热点前沿"利用CESM和RCP8.5情景研究全球气候变化"，中国研究前沿热度指数排名第4，指标E排名第2，其他指标都排在第2~5名；美国所有指标均排名第1。热点前沿"大型地震复杂破裂过程及走滑机制研究"，中国研究前沿热度指数排名第5，指标E排名第8，其他指标都排在第2~8名；美国所有指标均排名第1。

第3组，中国处于创新行列地位的3个前沿，美国在"领跑"这些前沿。热点前沿"磁层多尺度任务科学研究进展"，中国研究前沿热度指数排名第8，指标E排名第2，其他指标均排在第2~11名；美国所有指标都排名第1。热点前沿"地下流体注入诱发美国多地地震机理研究"，中国研究前沿热度指数排名第9，指标A、C、E均空白，其他指标均排在第3~10名；美国所有指标都排名第1。热点前沿"利用好奇号开展盖尔陨石坑的岩石矿物学研究"，中国研究前沿热度指数排名第10，指标E空白，其他指标都排在第5~16名；美国所有指标都排名第1。

第4组，中国处于创新追赶地位的1个前沿。热点前沿"欧洲和中东地区地震数据库与地面运动模型"，中国研究前沿热度指数排名第11，指标A、C、E均空白，其他指标都排在第3~14名；美国所有指标都排名第1（表13.6）。

第13章 中美研究前沿科研实力比较研究

表 13.6 地球科学领域 11 个前沿中国和美国 9 个指标得分和排名对比

序号	前沿名称	国家	得分								排名							
			国家研究前沿热度指数	国家贡献度	国家影响度	A	B	C	D	E	F	国家研究前沿热度指数	国家贡献度	国家影响度	A	B	C	D	E	F
1	利用 CESM 和 RCP8.5 情景研究全球气候变化	中国	0.42	0.30	0.12	0.13	0.17	0.01	0.11	0.13	0.11	4	3	5	3	2	4	3	2	2
		美国	3.47	1.77	1.70	1.00	0.77	1.00	0.70	1.00	0.61					1	1	1	1	1
2	磁层多尺度任务科学研究进展	中国	0.32	0.27	0.05	0.09	0.18	0.02	0.03	0.09	0.12	8	7	10	8	6	11	7	2	2
		美国	2.95	1.71	1.24	0.91	0.80	0.98	0.26	0.82	0.48	1	1	1	1	1	1	1	1	1
3	利用热带降雨测量任务和全球降水测量任务开展全球多地区降水分析	中国	1.46	0.94	0.52	0.62	0.32	0.36	0.16	0.62	0.29	2	2	2	2	2	3	2	2	2
		美国	2.43	1.20	1.23	0.67	0.53	0.86	0.37	0.24	0.32	1	1	1	1	1	1	1	1	1
4	人工神经网络在预测太阳辐射中的应用	中国	0.71	0.48	0.23	0.20	0.28	0.11	0.12	0.16	0.24	3	2	7	7	1	8	2	3	1
		美国	0.30	0.19	0.11	0.08	0.11	0.04	0.07	0.00	0.03	9	8	9	9	3	12	7	—	9
5	大型地震复杂破裂过程及走滑机制研究	中国	0.49	0.29	0.20	0.10	0.19	0.12	0.08	0.09	0.14	5	5	5	7	3	8	4	8	2
		美国	1.82	0.95	0.87	0.59	0.36	0.61	0.26	0.41	0.22	1	1	1	1	1	1	1	1	1
6	地下流体注入诱发美国多地地震机理研究	中国	0.11	0.10	0.01	0.00	0.10	0.00	0.01	0.00	0.07	9	9	10	—	3	—	7	—	3
		美国	2.47	1.27	1.20	0.69	0.58	0.92	0.28	0.62	0.49	1	1	1	1	1	1	1	1	1
7	中国主要城市表层土壤重金属污染来源与风险评估	中国	2.65	1.36	1.29	0.76	0.60	0.83	0.46	0.74	0.58	2	2	2	2	2	2	2	2	5
		美国	0.34	0.19	0.15	0.12	0.07	0.11	0.04	0.00	0.02	10	10	10	9	7	9	16	—	5
8	利用好奇号开展盖尔陨石坑的岩石矿物学研究	中国	0.19	0.09	0.10	0.04	0.05	0.09	0.01	0.00	0.04	10	10	10	9	7	9	16	—	5
		美国	3.12	1.75	1.37	1.00	0.75	1.00	0.37	0.87	0.52	1	1	1	1	1	1	1	1	1
9	元古代时期大气和海洋的氧化作用	中国	0.77	0.51	0.26	0.31	0.20	0.20	0.06	0.07	0.14	3	3	2	1	3	3	4	5	1
		美国	2.52	1.40	1.12	0.86	0.54	0.83	0.29	0.55	0.33	1	1	1	1	1	1	1	1	1
10	欧洲和中东地区地震数据库与地面运动模型	中国	0.08	0.07	0.01	0.00	0.07	0.00	0.01	0.00	0.06	11	11	14	—	5	—	13	—	3
		美国	2.23	1.09	1.14	0.63	0.46	0.84	0.30	0.56	0.35	1	1	1	1	1	1	1	1	1
11	热损伤对岩石力学特性的影响研究	中国	3.71	1.93	1.78	1.00	0.93	1.00	0.78	0.89	0.91	1	1	3	2	5	5	3	5	1
		美国	0.48	0.24	0.24	0.22	0.02	0.18	0.06	0.00	0.00	3	3	3	2	5	3	3	—	—

注：指标 A：国家核心论文贡献度，指标 B：国家通讯作者核心论文贡献度。指标 A、C、E 为三个核心论文指标，指标 B、D、F 为三个施引论文指标。指标 C：国家核心论文影响度，指标 D：国家施引论文影响度，指标 E：国家施引论文贡献度，指标 F：国家通讯作者施引论文贡献度。

13.3.4 临床医学领域

临床医学领域包括 10 个热点前沿和 11 个新兴前沿。美国有 20 个前沿处于创新卓越地位。中国仅仅有 2 个前沿进入创新卓越地位，占前沿总数的 9.52%，5 个前沿（23.81%）处于创新前列地位，2 个前沿处于创新行列地位，12 个前沿处于创新追赶状态，占 57.14%。也就是说该领域一半以上的前沿处于创新追赶地位。

第 1 组，中国处于创新卓越地位的 2 个前沿，热点前沿"长链非编码 RNA PV1 在肿瘤中的功能和作用机制"，中国各指标均排名第 1；美国各指标均排名第 2。新兴前沿"PD-L1 表达分子调节机制及肿瘤免疫治疗增强策略"，中国研究前沿热度指数排名第 2，指标 E 空白，其他指标都排在第 2~6 名；美国各指标均排名第 1。

第 2 组，中国处于创新前列地位的 5 个前沿。热点前沿"高血压降压治疗后的血压与心血管事件转归"，中国研究前沿热度指数排名第 6，指标 E 排名第 5，其他指标均排在第 5~8 名；美国各指标排名均为第 1。热点前沿"中枢神经系统周细胞功能障碍在阿尔茨海默病中的作用"，中国研究前沿热度指数排名第 4，指标 E 空白，其他指标均排在第 3~6 名；美国各指标排名均为第 1。新兴前沿"弥漫型大细胞淋巴瘤基因分型"，中国研究前沿热度指数排名第 5，指标 E 空白，其他指标均排在第 3~5 名；美国各指标排名均为第 1。新兴前沿"非他汀降脂药与心血管疾病风险"，中国研究前沿热度指数排名第 6，指标 E 空白，其他指标均排在第 5~12 名；美国各指标排名均为第 1 或第 2。新兴前沿"免疫治疗时代肿瘤疗效评估"，中国研究前沿热度指数排名第 6，指标 A、C、E 空白，其他指标均排在第 2~6 名；美国各指标排名均为第 1。

第 3 组，中国处于创新行列地位的 2 个前沿。热点前沿"含钆造影剂磁共振检查后脑部钆沉积"，中国研究前沿热度指数排名第 9，指标 E 空白，其他指标均排在第 6~11 名；美国所有指标都排名第 1。新兴前沿"溶瘤病毒助力肿瘤免疫疗法"，中国研究前沿热度指数排名第 8，指标 A、C、E 空白，其他指标均排在第 4~12 名；美国除指标 D 排名第 2 外，其余指标都排名第 1。

第 4 组，中国处于创新追赶地位的 12 个前沿，包括 6 个热点前沿——"英利昔单抗生物类似药有效性和安全性""PD-1/L1 抗体肿瘤免疫治疗不良反应""药物基因组指导 PCI 术后抗血小板治疗""Tau 蛋白示踪剂在神经退行性疾病 PET 中的结合特性""连续血糖监测与人工胰腺系统用于糖尿病管理""支气管扩张症临床特点与治疗"和 7 个新兴前沿——"稳定性冠心病变行 PCI 的临床效益""68Ga-PSMA PET/CT 结果对前列腺癌管理模式的影响""新型口服降糖药 SGLT-2 抑制剂降低 2 型糖尿病患者心血管事件风险的真实世界研究""代谢正常肥胖与心血管疾病风险""免疫检查点抑制剂联合用药治疗肾细胞癌的临床 1/2 期研究""DAAs 药物 Glecaprevir/Pibrentasvir 复方治疗伴有或不伴有肝硬化的慢性丙肝疗效与安全性"。这些前沿中，中国研究前沿热度指数排名第39、13、17、16、15、14、18、17、20、16、15、19，中国没有核心论文入选，指标A、C、E均空白，但有施引论文入选（表13.7）。

13.3.5 生物科学领域

生物科学领域共遴选出16个前沿，包括10个热点前沿和6个新兴前沿。中国在6个前沿（37.50%）处于创新卓越地位，5个处于创新前列地位，3个处于创新行列地位，2个处于创新追赶地位。

第1组是中国处于创新卓越地位的6个前沿，在这些前沿上中国有若干有影响度的重要成果产出。其中，新兴前沿"FOXO蛋白转录因子在癌症中的新作用"，中国所有指数均排名第1，美国除指标A、C和E空白外，其余指标均排名第2。新兴前沿"环状RNA作为癌症新的生物标志物"，中国所有指标均排名第1；美国除指标E空白，指标F排名第3外，其余指标均排名第2。

热点前沿"质粒介导的多黏菌素抗性基因"，中国研究前沿热度指数排名第3，指标E排名第1，其他指标均排在第2~3名；美国所有指标均排名第1。热点前沿"3D打印医疗药物"，中国研究前沿热度指数排名第3，指标E排名第2，其他指标均排在第2~10名；美国研究前沿热度指数和指标E均排名第2，其他指标也排在第1~3名。热点前沿"人工合成基因组"，中国研究前沿热度指数排名第3，指标E排名第2，其他指标均排在第2~3名；美国所有指标均排名第1。热点前沿"一种新的细胞死亡模式——铁死亡"，中国研究前沿热度指数排名第3，指标E排名第2，其他指标排在第2~4名；美国所有指标均排名第1。

第2组是中国处于创新前列地位的5个前沿。热点前沿"诱导蛋白降解的小分子PROTACs"，中国研究前沿热度指数排名第5，指标E排名第3，其他指标都排在第3~9名；美国各个指标都排名第1。热点前沿"绿色合成纳米颗粒在防治蚊媒疾病和癌症中的应用"，中国研究前沿热度指数排名第6，指标E空白，其他指标都排在第4~7名；美国研究前沿热度指数排名第4，指标E空白。热点前沿"衰老和年龄相关疾病中的细胞衰老：从机制到治疗"，中国研究前沿热度指数排名第5，指标E空白，其他指标均排在第2~7名；美国所有指标都排名第1。热点前沿"DNA甲基化与衰老表观遗传时钟理论"，中国研究前沿热度指数排名第6，指标E空白，其他指标均排在第3~9名；美国所有指标都排名第1。新兴前沿"单细胞水平下的细胞谱系追踪"，中国研究前沿热度指数排名第4，指标E空白，其他指标均排在第3~9名；美国所有指标都排名第1。

第3组是中国处于创新行列的3个热点前沿，在这些前沿上中国排名靠后，但仍有重要成果（核心论文）产出，只是尚未产生重大影响，美国在这些前沿上均处于"领跑"地位。热点前沿"Cas13：一种靶向RNA的新型CRISPR基因编

表 13.7 临床医学领域 21 个前沿中国和美国 9 个指标得分和排名对比

序号	前沿名称	国家	得分 国家研究前沿热度指数	得分 国家贡献度	得分 国家影响度	得分 A	得分 B	得分 C	得分 D	得分 E	得分 F	排名 国家研究前沿热度指数	排名 国家贡献度	排名 国家影响度	排名 A	排名 B	排名 C	排名 D	排名 E	排名 F
1	苯利普单抗生物类似药有效性和安全性	中国	0.04	0.02	0.02	0.00	0.02	0.00	0.02	0.00	0.01	39	39	38	—	27	—	32	—	15
		美国	0.99	0.47	0.52	0.23	0.24	0.36	0.16	0.13	0.16	4	2	6	5	1	7	1	2	1
2	长链非编码 RNA PV1 在肿瘤中的功能和作用机制	中国	2.67	1.59	1.08	0.83	0.76	0.65	0.43	0.83	0.75	1	1	2	1	2	2	2	2	1
		美国	0.55	0.20	0.35	0.04	0.16	0.16	0.19	0.04	0.09	2	2	2	2	2	2	2	2	2
3	PD-1/L1 抗体肿瘤免疫治疗不良反应	中国	0.07	0.05	0.02	0.00	0.05	0.00	0.02	0.00	0.05	13	12	14	—	7	1	13	—	4
		美国	1.90	0.98	0.92	0.53	0.45	0.57	0.35	0.42	0.39	1	1	1	1	1	1	1	1	1
4	药物基因组指导 PCI 术后抗血小板治疗	中国	0.12	0.10	0.02	0.00	0.10	0.00	0.02	0.00	0.09	17	15	22	—	5	1	20	—	3
		美国	2.03	1.00	1.03	0.63	0.37	0.78	0.25	0.19	0.28	1	1	1	1	1	1	1	1	1
5	Tau 蛋白示踪剂在神经退行性疾病 PET 中的结合特性	中国	0.05	0.04	0.01	0.00	0.04	0.00	0.01	0.00	0.03	16	15	19	—	12	1	18	—	8
		美国	2.17	1.19	0.98	0.65	0.54	0.74	0.24	0.54	0.41	1	1	1	1	1	1	1	1	1
6	连续血糖监测与人工胰腺系统用于糖尿病管理	中国	0.04	0.03	0.01	0.00	0.03	0.00	0.01	0.00	0.02	15	16	15	—	11	1	13	—	9
		美国	1.94	1.08	0.86	0.61	0.47	0.65	0.21	0.35	0.39	1	1	1	1	1	1	1	1	1
7	高血压降压治疗后的血压与心血管事件转归	中国	0.43	0.24	0.19	0.16	0.08	0.15	0.04	0.04	0.05	6	6	5	6	5	6	8	5	5
		美国	1.77	0.95	0.82	0.48	0.47	0.58	0.24	0.36	0.38	1	1	1	1	1	1	1	1	1
8	含钆造影剂磁共振检查后脑部钆沉积	中国	0.10	0.08	0.02	0.03	0.05	0.01	0.01	0.00	0.03	9	8	11	6	8	11	6	—	8
		美国	1.21	0.81	0.40	0.35	0.46	0.32	0.08	0.32	0.37	1	1	1	1	1	1	1	1	1
9	中枢神经系统周细胞功能障碍在阿尔茨海默病中的作用	中国	0.26	0.18	0.08	0.07	0.11	0.03	0.05	0.00	0.09	4	3	4	4	3	6	5	—	3
		美国	2.23	1.18	1.05	0.71	0.47	0.67	0.38	0.71	0.35	1	1	1	1	1	1	1	1	1
10	支气管扩张临床特点与治疗	中国	0.15	0.12	0.03	0.00	0.12	0.00	0.03	0.00	0.11	14	14	17	—	4	—	8	—	3
		美国	1.07	0.62	0.45	0.39	0.23	0.30	0.15	0.13	0.15	2	2	3	3	4	2	3	3	2
11	稳定性冠心病变行 PCI 的临床效益	中国	0.07	0.05	0.02	0.00	0.05	0.00	0.02	0.00	0.04	18	8	22	—	7	—	22	—	3
		美国	1.71	0.95	0.76	0.50	0.45	0.20	0.56	0.50	0.37	2	1	1	1	2	1	1	1	1

续表

序号	前沿名称	国家	得分							排名						
			国家研究前沿热度指数	国家贡献度	国家影响度	A	B	C	D	E	F	国家研究前沿热度指数	国家贡献度	国家影响度	A	B	C	D	E	F
12	68Ga-PSMA PET/CT 结果对前列腺癌管理模式的影响	中国	0.02	0.02	0.00	0.00	0.02	0.00	0.00	0.00	0.00	17	16	—	—	16	—	—	—	—
		美国	2.16	1.15	1.01	0.71	0.44	0.68	0.33	0.57	0.33	1	1	1	1	1	1	1	1	1
13	新型口服降糖药 SGLT-2 抑制剂降低 2 型糖尿病患者心血管事件风险的真实世界研究	中国	0.02	0.02	0.00	0.00	0.02	0.00	0.00	0.00	0.02	20	20	19	—	19	—	19	—	1
		美国	1.69	0.98	0.71	0.56	0.42	0.44	0.27	0.44	0.32	1	1	3	1	1	1	1	1	11
14	弥漫型大细胞淋巴瘤基因分型	中国	0.80	0.31	0.49	0.20	0.11	0.40	0.09	0.00	0.10	5	5	3	5	3	3	4	1	3
		美国	2.98	1.43	1.55	1.00	0.43	1.00	0.55	0.60	0.35	1	1	1	1	1	1	1	1	1
15	溶瘤病毒助力肿瘤免疫疗法	中国	0.09	0.08	0.01	0.00	0.08	0.00	0.01	0.00	0.05	8	7	12	—	5	—	10	1	4
		美国	2.36	1.26	1.10	0.80	0.46	0.79	0.31	0.60	0.35	1	1	1	1	1	1	2	1	1
16	代谢正常肥胖与心血管疾病风险	中国	0.17	0.12	0.05	0.00	0.12	0.00	0.05	0.00	0.12	16	15	16	—	4	—	8	1	3
		美国	1.36	0.68	0.68	0.25	0.43	0.13	0.55	0.25	0.29	2	2	3	3	3	12	1	2	1
17	免疫检查点抑制剂联合用药治疗肾细胞癌的临床 1/2 期研究	中国	0.08	0.07	0.01	0.00	0.07	0.00	0.01	0.00	0.05	15	10	17	—	6	—	17	1	5
		美国	3.48	1.55	1.93	1.00	0.55	1.00	0.93	0.75	0.47	1	1	1	1	1	1	1	1	1
18	PD-L1 表达分子调节机制及肿瘤免疫治疗增强策略	中国	0.68	0.41	0.27	0.17	0.24	0.18	0.09	0.00	0.19	2	2	5	2	2	6	3	1	2
		美国	2.50	1.37	1.13	0.83	0.54	0.77	0.36	0.67	0.42	1	1	1	1	1	1	1	1	1
19	非他汀降脂药与心血管疾病风险	中国	0.87	0.27	0.60	0.20	0.07	0.58	0.02	0.00	0.05	6	10	6	8	9	5	12	1	6
		美国	2.12	0.94	1.18	0.60	0.34	0.88	0.30	0.40	0.24	2	2	2	1	2	1	2	1	1
20	DAAs 药物 Glecaprevir/Pibrentasvir 复方治疗伴有或不伴有肝硬化的慢性丙肝疗效与安全性	中国	0.07	0.06	0.01	0.00	0.06	0.00	0.01	0.00	0.05	19	17	19	—	10	—	19	1	4
		美国	2.79	1.54	1.25	1.00	0.54	1.00	0.25	0.40	0.40	1	1	1	1	1	1	1	1	1
21	免疫治疗时代肿瘤疗效评估	中国	0.33	0.16	0.17	0.00	0.16	0.00	0.17	0.00	0.12	6	6	6	—	2	—	2	1	1
		美国	2.30	1.00	1.30	0.60	0.40	0.70	0.60	0.60	0.31	1	1	1	2	1	2	2	3	1

注：指标 A：国家核心论文贡献度，指标 B：国家核心论文贡献，指标 C：国家核心论文指标，指标 D：国家施引论文影响度，指标 E：国家影响度，指标 F：国家通讯作者施引论文贡献度。指标 A、C、E 为三个核心论文贡献度，指标 B、D、F 为三个施引论文指标。

辑系统",中国研究前沿热度指数排名第10,指标 E 排名第2,其他指标均排在第2~10名;美国各指标均排名第1。新兴前沿"用于疾病建模和药物筛选的肿瘤近生理类有机物培养系统",中国研究前沿热度指数排名第7,指标 A、C、E 均空白,其他指标都排在第2~11名;美国研究前沿热度指数排名第1,其他指标都排在第1~3名。新兴前沿"新一代超敏 Xpert MTB RIF Ultra 检测法快速检测结核病",中国研究前沿热度指数排名第10,指标 E 空白,其他指标都排在第5~10名;美国各指标均排名第1。

第4组是中国处于创新追赶状态2个前沿,热点前沿"组织驻留记忆 T 细胞及其肿瘤免疫保护机制",中国研究前沿热度指数排名第12,指标 A、C、E 空白,其他指标排在第4~14名,也表明中国在该前沿论文产出指标相对排名靠前,但影响度排名靠后;美国所有指标都排名第1。新兴前沿"巨型病毒的翻译机制",中国研究前沿热度指数排名第13,国家影响度及指标 A、C、D、E 等多个指标空白,其他指标排在第4~9名;美国所有指标都排在第1~2名(表13.8)。

13.3.6 化学与材料科学领域

化学与材料科学领域共遴选出15个前沿,包括10个热点前沿和5个新兴前沿。中国在14个前沿(93.33%)处于创新卓越地位,1个前沿处于创新前列地位。美国在11个前沿(73.33%)处于创新卓越地位,4个前沿处于创新前列地

位。在该领域中国表现优于美国。

第1组,中国和美国均处于创新卓越地位,中国排名第1的5个热点前沿。3个热点前沿"过渡金属催化的电化学促进的碳氢键官能团化反应""界面光蒸汽转化""高能量密度聚合物纳米复合材料"和新兴前沿"氧气作为氧化剂和氧源用于合成含氧化合物",中国研究前沿热度指数和指标 E 都排名第1;美国均排名第2。新兴前沿"远端迁移策略实现非活化烯烃的双官能团化",中国各指标排名均为第1;美国研究前沿热度指数排名第3,指标 A、C、E 均空白。

第2组,中国和美国均处于创新卓越地位,美国排名第1的3个热点前沿。2个热点前沿"过渡金属催化的酰胺碳氮键活化"和"无铅钙钛矿吸光层材料"中国研究前沿热度指数排名第2,指标 E 排名第3;美国在研究前沿热度指数和指标 E 等7个指标上排名第1,指标 B 和指标 F 排名第2。热点前沿"电化学合成氨",中国研究前沿热度指数排名第2,指标 E 中国排名第1,其他指标也排在第1~2名;美国的研究前沿热度指数等7个指标均排名第1,指标 A、E 排名第2。

第3组,中国和美国均处于创新卓越地位的3个热点前沿。新兴前沿"半导体聚合物用于光热治疗",中国的研究前沿热度指数排名第2,指标 E 排名第2;美国的研究前沿热度指数排名第3,指标 E 空白。热点前沿"分子机器",中国的研究前沿热度指数排名第3,指标 E 排名第5;美国的研究前沿热度指数排名第2,

第13章 中美研究前沿科研实力比较研究

表13.8 生物科学领域16个前沿中国和美国9个指标得分和排名对比

序号	前沿名称	国家	得分 国家研究前沿热度指数	得分 国家贡献度	得分 国家影响度	得分 A	得分 B	得分 C	得分 D	得分 E	得分 F	排名 国家研究前沿热度指数	排名 国家贡献度	排名 国家影响度	排名 A	排名 B	排名 C	排名 D	排名 E	排名 F
1	质粒介导的多黏菌素抗性基因	中国	0.84	0.37	0.47	0.18	0.19	0.39	0.08	0.18	0.16	3	2	3	3	2	3	2	1	2
		美国	1.20	0.56	0.64	0.30	0.26	0.47	0.17	0.18	0.18	1	1	1	1	1	1	1	1	1
2	诱导蛋白降解的小分子 PROTACs	中国	0.18	0.15	0.03	0.04	0.11	0.01	0.02	0.04	0.08	5	5	7	6	3	8	9	3	3
		美国	2.52	1.37	1.15	0.81	0.56	0.91	0.24	0.78	0.45	1	1	1	1	1	1	1	1	1
3	3D打印医疗药物	中国	0.24	0.21	0.03	0.06	0.15	0.02	0.01	0.06	0.14	3	3	10	3	3	10	5	2	3
		美国	0.49	0.37	0.12	0.12	0.25	0.07	0.05	0.06	0.19	2	2	2	2	1	3	2	2	1
4	绿色合成纳米颗粒在防治蚊媒疾病和癌症中的应用	中国	0.29	0.18	0.11	0.07	0.11	0.08	0.03	0.00	0.08	6	6	5	7	4	5	5	—	4
		美国	0.47	0.25	0.22	0.16	0.09	0.19	0.03	0.00	0.04	4	5	4	4	6	4	4	—	5
5	Cas13: 一种靶向RNA的新型CRISPR基因编辑系统	中国	0.41	0.30	0.11	0.13	0.17	0.03	0.08	0.13	0.14	10	5	10	3	2	10	2	2	2
		美国	2.66	1.35	1.31	0.88	0.47	0.97	0.34	0.88	0.37	1	1	1	1	1	1	1	1	1
6	人工合成基因组	中国	0.96	0.58	0.38	0.47	0.11	0.29	0.09	0.41	0.08	3	2	3	2	3	3	3	2	3
		美国	2.46	1.23	1.23	0.76	0.47	0.84	0.39	0.59	0.38	1	1	1	1	1	1	1	1	1
7	衰老和年龄相关疾病中的细胞衰老: 从机制到治疗	中国	0.36	0.23	0.13	0.09	0.14	0.11	0.02	0.00	0.12	5	5	5	5	2	5	7	—	2
		美国	1.97	1.09	0.88	0.68	0.41	0.68	0.20	0.62	0.30	1	1	1	1	1	1	1	1	1
8	DNA甲基化与衰老表观遗传时钟理论	中国	0.34	0.13	0.21	0.05	0.08	0.19	0.02	0.00	0.05	6	6	5	7	4	4	9	—	3
		美国	2.33	1.20	1.13	0.70	0.50	0.84	0.29	0.50	0.36	1	1	1	1	1	1	1	1	1
9	一种新的细胞死亡模式——铁死亡	中国	0.62	0.41	0.21	0.16	0.25	0.13	0.08	0.05	0.21	3	3	3	3	2	4	3	2	2
		美国	2.50	1.28	1.22	0.89	0.39	0.98	0.24	0.74	0.29	1	1	1	1	1	1	1	1	1

续表

序号	前沿名称	国家	得分							排名						
			国家研究前沿热度指数	国家贡献度	国家影响度	A	B	C	D	E	F	国家研究前沿热度指数	国家贡献度	国家影响度	A	B	C	D	E	F
10	组织驻留记忆T细胞及其肿瘤免疫保护机制	中国	0.10	0.08	0.02	0.00	0.08	0.00	0.02	0.00	0.06	12	10	14	—	5	—	—	—	4
		美国	1.67	0.97	0.70	0.44	0.53	0.45	0.25	0.44	0.43	1	1	1	1	1	1	7	1	1
11	环状 RNA 作为癌症新的生物标志物	中国	3.33	1.95	1.38	1.00	0.95	1.00	0.38	1.00	0.95	1	1	1	1	1	1	1	1	1
		美国	0.35	0.18	0.17	0.09	0.09	0.09	0.08	0.00	0.01	2	2	2	2	2	2	2	—	3
12	用于疾病建模和药物筛选的肿瘤近生理类有机物培养系统	中国	0.17	0.14	0.03	0.00	0.14	0.00	0.03	0.00	0.12	7	7	11	—	2	—	8	—	2
		美国	1.87	1.01	0.86	0.60	0.41	0.55	0.31	0.20	0.33	1	1	2	1	2	1	1	3	1
13	FOXO 蛋白转录因子在癌症中的新作用	中国	3.19	1.62	1.57	1.00	0.62	1.00	0.57	1.00	0.57	1	2	1	1	1	1	1	1	1
		美国	0.21	0.13	0.08	0.00	0.13	0.00	0.08	0.00	0.04	2	2	2	—	2	—	2	—	3
14	新一代超敏 Xpert MTB RIF Ultra 检测法快速检测结核病	中国	1.05	0.44	0.61	0.33	0.11	0.31	0.30	0.00	0.06	10	10	9	8	6	8	7	—	5
		美国	3.08	1.44	1.64	1.00	0.44	1.00	0.64	0.67	0.20	1	1	1	1	1	1	1	1	1
15	巨型病毒的翻译机制	中国	0.06	0.06	0.00	0.00	0.06	0.00	0.00	0.00	0.06	13	9	—	—	7	—	—	—	4
		美国	2.05	1.03	1.02	0.67	0.36	0.77	0.25	0.67	0.22	1	1	1	1	2	1	2	2	2
16	单细胞水平下的细胞谱系追踪	中国	0.24	0.14	0.10	0.07	0.07	0.06	0.04	0.00	0.04	4	4	5	4	4	4	9	—	3
		美国	2.44	1.18	1.26	0.64	0.54	0.75	0.51	0.64	0.45	1	1	1	1	1	1	1	1	1

注：指标 A：国家核心论文贡献度，指标 B：国家施引论文贡献度，指标 C：国家核心论文影响度，指标 D：国家施引论文影响度，指标 E：国家施引论文指标，指标 F：国家通讯作者核心论文贡献度。指标 A、C、E 为三个核心论文指标，指标 B、D、F 为三个施引论文指标。

指标 E 排名第 3。

第 4 组，中国处于创新卓越地位，美国处于创新前列地位的 4 个前沿。热点前沿"有机超长磷光材料"和 2 个新兴前沿"BiV(W)O$_4$ 可见光光催化剂"和"杂原子掺杂的碳纳米材料用于锌空气电池"，中国各指标排名均为第 1，美国研究前沿热度指数排名分别为第 6、第 5 和第 4，只是热点前沿"有机超长磷光材料"中，美国的指标 E 空白，新兴前沿"BiV(W)O$_4$ 可见光光催化剂"，美国的指标 A、C、E 均空白，新兴前沿"杂原子掺杂的碳纳米材料用于锌空气电池"，美国的指标 E 排名第 3。

热点前沿"钳形锰络合物有机催化剂"，中国研究前沿热度指数排名第 3，美国排名第 5，指标 E 中国排名第 7，美国排名第 3。

第 5 组，中国处于创新前列地位，美国处于创新卓越地位的 1 个热点前沿。热点前沿"机器学习预测分子性质"，中国研究前沿热度指数排名第 6，指标 E 排名第 4；美国各指标排名均为第 1（表 13.9）。

13.3.7 物理学领域

物理学领域共遴选出 12 个前沿，包括 10 个热点前沿和 2 个新兴前沿，根据中国的表现可以分为 5 组，其中 4 个前沿中国处于创新卓越地位（占 18.18%），2 个前沿处于创新前列地位，4 个前沿处于创新行列地位，2 个前沿处于创新追赶地位。美国 11 个前沿处于创新卓越地位，1 个处于创新前列地位。

第 1 组，中国和美国处于创新卓越地位的 4 个前沿。热点前沿"新型深紫外非线性光学晶体材料的合成和性质研究"，中国所有指标均排名第 1；美国所有指标均排名第 2。热点前沿"氮族二维材料锑烯、砷烯和铋烯的特性研究"，中国研究前沿热度指数和指标 E 均排名第 1，除指标 C 排名第 2 外，其他指标也排名第 1；美国研究前沿热度指数排名第 2，指标 E 排名第 3，其他指标排在第 1~3 名。热点前沿"四夸克态和五夸克态的实验和理论研究"，中国研究前沿热度指数和指标 E 均排名第 1，除指标 D 排名第 3 外，其他指标也排名第 1~3；美国 8 个指标均排名第 2，指标 D 排名第 1。热点前沿"拓扑声子晶体和拓扑声学机制研究"，中国研究前沿热度指数排名第 2，指标 E 空白，其他指标排在第 1~2 名；美国研究前沿热度指数排名第 1，指标 E 空白，其他指标也排在第 1~2 名。

第 2 组，中国处于创新前列地位，美国处于创新卓越地位的 2 个前沿。热点前沿"凝聚态物理中的马约拉纳费米子研究"，中国研究前沿热度指数和指标 E 均排名第 5，其他指标排在第 2~6 名；美国各个指标均排名第 1。热点前沿"金属纳米结构表面等离激元性质研究"，中国研究前沿热度指数排名第 5，指标 E 排名第 6，其他指标排在第 2~15 名；美国各个指标均排名第 1。

第 3 组，中国处于创新行列地位，美国处于创新卓越地位的 3 个前沿。热点

表13.9 化学与材料科学领域15个前沿中国和美国9个指标得分和排名对比

序号	前沿名称	国家	得分									排名								
			国家研究前沿热度指数	国家贡献度	国家影响度	A	B	C	D	E	F	国家研究前沿热度指数	国家贡献度	国家影响度	A	B	C	D	E	F
1	过渡金属催化的电化学促进的碳氢键官能团化反应	中国	1.47	0.90	0.57	0.47	0.43	0.46	0.11	0.43	0.41	1	1	1	1	1	1	1	1	1
		美国	0.91	0.44	0.47	0.27	0.17	0.38	0.09	0.24	0.12	2	2	2	2	2	2	2	2	2
2	过渡金属催化的酰胺碳氮键活化	中国	0.95	0.65	0.30	0.21	0.44	0.24	0.06	0.10	0.41	2	2	2	2	2	2	2	3	1
		美国	1.70	0.90	0.80	0.67	0.23	0.71	0.09	0.67	0.18	1	1	1	1	1	1	1	1	2
3	钳形锰络合物有机催化剂	中国	0.39	0.34	0.05	0.06	0.28	0.02	0.03	0.03	0.26	3	2	9	8	1	11	2	7	1
		美国	0.29	0.20	0.09	0.08	0.12	0.06	0.03	0.08	0.10	5	4	6	4	4	6	3	3	3
4	有机超长磷光材料	中国	2.87	1.58	1.29	0.88	0.70	0.89	0.40	0.88	0.67	1	1	1	1	1	1	1	1	1
		美国	0.14	0.10	0.04	0.04	0.06	0.01	0.03	0.00	0.02	6	6	6	4	4	7	4	—	5
5	机器学习预测分子性质	中国	0.25	0.18	0.07	0.06	0.12	0.03	0.04	0.06	0.09	6	6	8	6	3	11	5	4	2
		美国	1.78	1.00	0.78	0.52	0.48	0.56	0.22	0.36	0.37	1	1	1	1	1	1	1	1	1
6	电化学合成氨	中国	0.87	0.62	0.25	0.39	0.23	0.16	0.09	0.36	0.21	2	2	2	2	2	2	2	2	2
		美国	1.48	0.73	0.75	0.36	0.37	0.55	0.20	0.32	0.31	1	1	1	1	1	1	1	1	1
7	界面光蒸汽转化	中国	1.80	1.15	0.65	0.67	0.48	0.52	0.13	0.53	0.43	1	1	1	1	1	1	1	2	1
		美国	1.57	0.79	0.78	0.47	0.32	0.59	0.19	0.33	0.22	2	2	2	2	2	2	2	1	2
8	无铅钙钛矿吸光层材料	中国	1.00	0.69	0.31	0.29	0.40	0.22	0.09	0.13	0.33	2	2	3	3	1	3	1	2	1
		美国	1.32	0.73	0.59	0.46	0.27	0.48	0.11	0.33	0.16	1	1	1	1	2	1	2	1	2
9	分子机器	中国	0.57	0.32	0.25	0.05	0.27	0.12	0.13	0.05	0.24	3	3	3	5	1	4	4	5	1
		美国	0.63	0.36	0.27	0.16	0.20	0.17	0.10	0.16	0.12	2	2	2	3	2	2	1	3	2

续表

序号	前沿名称	国家	得分									排名								
			国家研究前沿热度指数	国家贡献度	国家影响度	A	B	C	D	E	F	国家研究前沿热度指数	国家贡献度	国家影响度	A	B	C	D	E	F
10	高能量密度聚合物纳米复合材料	中国	2.65	1.58	1.07	0.85	0.73	0.74	0.33	0.75	0.69	1	1	1	1	1	1	1	1	1
		美国	1.04	0.54	0.50	0.35	0.19	0.38	0.12	0.20	0.09	2	2	2	2	2	2	2	2	2
11	半导体聚合物用于光热治疗	中国	1.64	1.05	0.59	0.30	0.75	0.21	0.38	0.30	0.73	2	1	2	2	1	3	1	2	1
		美国	0.70	0.28	0.42	0.10	0.18	0.24	0.18	0.00	0.05	3	3	3	3	3	2	3	—	3
12	远端迁移策略实现非活化烯烃的双官能团化	中国	2.95	1.64	1.31	0.89	0.75	0.89	0.42	0.89	0.75	1	1	1	3	1	1	1	1	1
		美国	0.10	0.08	0.02	0.00	0.08	0.00	0.02	0.00	0.05	3	3	3	—	2	—	3	—	2
13	BiV(WO)₄可见光光催化剂	中国	3.39	1.72	1.67	0.89	0.83	0.95	0.72	0.89	0.81	1	1	1	1	1	1	1	1	1
		美国	0.05	0.04	0.01	0.00	0.04	0.00	0.01	0.00	0.01	5	4	10	4	—	10	—	—	6
14	杂原子掺杂的碳纳米材料用于锌空气电池	中国	3.06	1.69	1.37	0.82	0.87	0.75	0.62	0.82	0.81	1	1	1	1	1	1	1	1	1
		美国	0.42	0.25	0.17	0.18	0.07	0.15	0.02	0.09	0.00	4	3	5	2	3	4	8	3	9
15	氧气作为氧化剂和氧源用于合成含氧化合物	中国	2.65	1.33	1.32	0.67	0.66	0.65	0.67	0.67	0.65	1	1	1	1	1	1	1	1	1
		美国	0.90	0.44	0.46	0.33	0.11	0.35	0.11	0.33	0.08	2	2	2	2	2	3	3	2	2

注：指标A：国家核心论文贡献度，指标B：国家通讯作者贡献度，指标C：国家核心论文影响度，指标D：国家施引论文影响度，指标E：国家通讯作者核心论文贡献度，指标F：国家通讯作者施引论文贡献度。指标A、C、E为三个核心论文指标，指标B、D、F为三个施引论文指标。

前沿"量子力学模型 Sachdev-Ye-Kitaev 模型研究",中国研究前沿热度指数排名第 7,指标 E 排名第 5,其他指标排在第 4~8 名;美国各个指标均排名第 1。热点前沿"量子自旋液体的理论和实验研究",中国研究前沿热度指数排名第 8,指标 E 排名第 4,其他指标排在第 2~15 名;美国研究前沿热度指数排名第 1,指标 E 排名第 2。热点前沿"光学原子钟研究",中国研究前沿热度指数排名第 7 名,指标 A、C、E 空白,其他指标排在第 2~26 名;美国研究前沿热度指数和指标 E 等 8 个指标均排名第 1,指标 A 排名第 2。

第 4 组,中国处于创新追赶地位,美国处于创新卓越地位的 2 个前沿。热点前沿"周期性驱动量子系统的特性研究",中国研究前沿热度指数排名第 12,指标 A、C、E 空白,其他指标排在第 2~12 名;美国各个指标均排名第 1。热点前沿"基于无时序相关函数的量子多体系统研究",中国研究前沿热度指数排名第 16,只有国家贡献度和指标 B 排名第 10,其余指标均空白;美国各个指标均排名第 1。

第 5 组,中国处于创新行列地位,美国处于创新前列地位的 1 个前沿。热点前沿"B 介子反常研究",中国研究前沿热度指数排名第 8,指标 A、C、E 均空白;美国研究前沿热度指数排名第 6,指标 E 排名第 2,其他指标排在第 3~6 名(表 13.10)。

13.3.8 天文学与天体物理学领域

天文学与天体物理学领域共遴选出 13 个前沿,包括 10 个热点前沿和 3 个新兴前沿。在这些前沿上,美国均位于创新卓越地位。根据中国的表现可以分为 3 组,即 1 个处于创新前列地位的前沿,4 个处于创新行列地位的前沿,8 个处于创新追赶地位的前沿,处于创新追赶地位的前沿共占 61.54%。

第 1 组,中国处于创新前列地位的 1 个前沿。热点前沿"基于引力波多信使观测约束中子星的质量、半径和状态方程",中国研究前沿热度指数排名第 5,指标 E 空白,其他指标都排在第 2~8 名;美国各个指标均排名第 1。

第 2 组,中国处于创新行列地位的 4 个前沿。热点前沿"对双黑洞并合引力波事件的观测和理论研究",中国研究前沿热度指数排名第 7,指标 E 空白,其他指标都排在第 2~15 名;美国各个指标均排名第 1。热点前沿"快速射电暴的观测和理论研究",中国研究前沿热度指数排名第 7,指标 E 排名第 6;美国除了指标 E 排名第 3 外,其他各个指标均排名第 1。热点前沿"通过多种方法测量哈勃常数",中国研究前沿热度指数排名第 9,指标 E 排名第 5;美国除了指标 E 排名第 3 外,其他各个指标均排名第 1。热点前沿"基于 21 厘米超精细谱线观测研究早期宇宙中的暗物质",中国研究前沿热度指数排名第 8,指标 E 空白;美国各个指标均排名第 1。

第 3 组,中国处于创新追赶地位的 8 个前沿。热点前沿"对双中子星并合引力波事件 GW170817 的多信使观测",中国研究前沿热度指数排名第 16,指标 A、

第13章 中美研究前沿科研实力比较研究

表 13.10 物理学领域 12 个前沿中国和美国 9 个指标得分和排名对比

序号	前沿名称	国家	得分									排名								
			国家研究前沿热度指数	国家贡献度	国家影响度	A	B	C	D	E	F	国家研究前沿热度指数	国家贡献度	国家影响度	A	B	C	D	E	F
1	量子力学模型 Sachdev-Ye-Kitaev 模型研究	中国	0.16	0.13	0.03	0.04	0.09	0.02	0.01	0.04	0.07	7	6	8	7	6	8	6	5	4
		美国	2.37	1.33	1.04	0.83	0.50	0.90	0.14	0.79	0.34	1	1	1	1	1	1	1	1	1
2	新型深紫外非线性光学晶体材料的合成和性质研究	美国	2.67	1.59	1.08	0.81	0.78	0.79	0.29	0.81	0.74	1	1	1	1	1	1	1	1	1
		美国	1.03	0.44	0.59	0.32	0.12	0.51	0.08	0.23	0.07	2	2	2	2	2	2	2	2	2
3	量子自旋液体的理论和实验研究	中国	0.25	0.21	0.04	0.05	0.16	0.02	0.02	0.05	0.12	8	7	14	9	4	15	8	4	2
		美国	1.70	0.93	0.77	0.53	0.40	0.61	0.16	0.15	0.24	1	1	1	2	1	1	1	2	1
4	氮族二维材料锗烯、砷烯和铋烯的特性研究	中国	1.91	1.11	0.80	0.40	0.71	0.53	0.27	0.40	0.65	1	2	2	1	2	1	1	1	3
		美国	1.22	0.55	0.67	0.40	0.15	0.57	0.10	0.13	0.05	2	2	2	1	1	2	2	3	2
5	凝聚态物理中的马约拉纳费米子研究	中国	0.47	0.31	0.16	0.10	0.21	0.13	0.03	0.06	0.16	5	4	5	6	5	5	4	5	2
		美国	1.70	0.89	0.81	0.58	0.31	0.67	0.14	0.36	0.20	1	1	1	1	1	1	1	1	1
6	金属纳米结构表面等离激元性质研究	中国	0.39	0.29	0.10	0.06	0.23	0.03	0.07	0.06	0.18	5	4	7	10	2	15	3	6	2
		美国	1.19	0.63	0.56	0.33	0.30	0.36	0.20	0.25	0.21	1	1	1	1	1	1	1	1	1
7	四夸克态和五夸克态的实验和理论研究	中国	2.09	1.23	0.86	0.70	0.53	0.77	0.09	0.48	0.41	1	1	1	1	1	1	3	1	1
		美国	1.52	0.78	0.74	0.53	0.25	0.65	0.09	0.15	0.08	2	2	2	2	2	2	1	2	2
8	周期性驱动量子系统的特性研究	中国	0.15	0.13	0.02	0.00	0.13	0.00	0.02	0.00	0.10	12	9	12	—	3	—	6	—	2
		美国	1.68	0.95	0.73	0.57	0.38	0.59	0.14	0.52	0.28	1	1	1	1	1	1	1	1	1
9	光学原子钟研究	中国	0.28	0.23	0.05	0.00	0.23	0.00	0.05	0.00	0.20	7	3	26	—	2	—	25	—	2
		美国	1.78	0.81	0.97	0.50	0.31	0.67	0.30	0.44	0.22	1	1	1	2	1	1	1	1	1
10	拓扑声子晶体和拓扑声学机制研究	中国	0.94	0.63	0.31	0.30	0.33	0.24	0.07	0.00	0.31	2	2	2	1	1	2	2	2	1
		美国	1.43	0.79	0.64	0.50	0.29	0.50	0.14	0.00	0.29	1	1	1	1	2	1	1	—	2
11	基于无时序相关函数的量子多体系统研究	中国	0.02	0.02	0.00	0.00	0.02	0.00	0.00	0.00	0.00	16	10	—	—	10	—	—	—	—
		美国	2.67	1.41	1.26	0.83	0.58	0.93	0.33	0.67	0.46	1	1	1	1	1	1	1	—	1
12	B 介子反常研究	中国	0.12	0.09	0.03	0.09	0.09	0.00	0.03	0.00	0.03	8	8	9	4	7	—	9	—	8
		美国	0.41	0.26	0.15	0.14	0.12	0.07	0.08	0.14	0.09	6	6	6	4	6	—	4	2	3

注：指标 A：国家核心论文贡献度，指标 B：国家施引论文贡献度，指标 C：国家核心论文影响度，指标 D：国家施引论文影响度，指标 E：国家通讯作者施引论文贡献度。指标 A、C、E 为三个核心论文指标，指标 B、D、F 为三个施引论文指标。

C、E空白；美国各指标均排名第1。热点前沿"标量-张量引力修正理论及引力波事件的影响"，中国研究前沿热度指数排名第11，指标E排名第4；美国研究前沿热度指数和指标E均排名第2。热点前沿"基于'阿塔卡马大型毫米/亚毫米波阵列'（ALMA）、'甚大望远镜'（VLT）等对原行星盘的观测研究"，中国研究前沿热度指数排名第13，指标E空白；美国各指标均排名第1。热点前沿"南极'冰立方中微子天文台'（IceCube）和'费米伽马射线空间望远镜'对高能中微子和伽马射线的观测研究"，中国研究前沿热度指数排名第17，指标E空白，美国各指标均排名第1。热点前沿"对银心伽马射线超出现象的多种理论解释"，中国研究前沿热度指数排名第12，指标E排名第3；美国各指标均排名第1。热点前沿"利用宇宙流体动力学模拟方法研究星系形成演化"，中国研究前沿热度指数排名第13，指标A、C、E空白；美国研究前沿热度指数排名第3，指标E排名第1。热点前沿"利用'哈勃空间望远镜'（HST）开展宇宙早期暗淡星系性质研究"，中国研究前沿热度指数排名第14，指标E空白；美国各指标均排名第1。热点前沿"昴星团望远镜主焦点相机战略计划及其巡天观测发现"，中国研究前沿热度指数排名第11，指标E空白；美国研究前沿热度指数排名第1，指标E排名第2（表13.11）。

13.3.9 数学、计算机科学与工程学领域

数学、计算机科学与工程学领域共遴选15个前沿，包括10个热点前沿和5个新兴前沿。中国表现创新卓越的有14个前沿（占93.33%），创新前列的有1个前沿。美国表现创新卓越的有10个前沿（占66.67%），创新前列的有2个前沿，创新行列的有1个前沿，创新追赶的有2个前沿。

第1组，中国和美国处于创新卓越地位的7个热点前沿和2个新兴前沿。7个热点前沿"基于D数理论、DEMATEL方法以及TOPSIS理论的决策方法研究""水下瞬态空化湍流的数值模拟研究""无人机中继网络的部署和轨迹优化""高温构件寿命预测及可靠性评估""云计算环境中的数据安全研究""非正交多路访问网络""电动汽车用锂离子电池的荷电状态估计"，以及2个新兴前沿"工业传感器网络及智能城市等""卷积神经网络在磁共振图像处理中的应用"。这些前沿中，中国和美国研究前沿热度指数均排名前3，引领这些前沿方向的发展。中国和美国的指标E也均排名在前3，只有1个热点前沿"水下瞬态空化湍流的数值模拟研究"例外，美国的指标E为空白。

第2组，中国处于创新卓越地位，美国处于创新前列地位的1个前沿。新兴前沿"基于最小二乘的迭代参数估计算法及其应用"，中国所有指标排名均第1；美

第13章 中美研究前沿科研实力比较研究

表13.11 天文学与天体物理学领域13个前沿中国和美国9个指标得分和排名对比

序号	前沿名称	国家	得分									排名								
			国家研究前沿热度指数	国家贡献度	国家影响度	A	B	C	D	E	F	国家研究前沿热度指数	国家贡献度	国家影响度	A	B	C	D	E	F
1	对双中子星并合引力波事件GW170817的多信使观测	中国	0.39	0.20	0.19	0.00	0.20	0.00	0.19	0.00	0.13	16	14	21	—	3	—	9	—	2
		美国	2.52	1.37	1.15	0.86	0.51	0.82	0.33	0.68	0.29	1	1	1	1	1	1	1	1	1
2	标量-张量引力修正理论及引力波事件的影响	中国	0.32	0.23	0.09	0.12	0.11	0.04	0.05	0.12	0.06	11	8	25	8	5	16	25	4	5
		美国	1.13	0.53	0.60	0.31	0.22	0.38	0.22	0.23	0.10	2	3	2	3	2	2	1	2	3
3	基于"阿塔卡马大型毫米/亚毫米波阵列"(ALMA)、"甚大望远镜"(VLT)等对原行星盘的观测研究	中国	0.34	0.16	0.18	0.10	0.06	0.15	0.03	0.00	0.02	13	12	12	11	13	12	11	—	11
		美国	2.55	1.39	1.16	0.80	0.59	0.88	0.28	0.35	0.31	1	1	1	1	1	1	1	1	1
4	对双黑洞并合引力波事件的观测和理论研究	中国	2.11	0.99	1.12	0.83	0.16	0.97	0.15	0.00	0.10	7	4	15	2	4	2	15	—	2
		美国	2.75	1.39	1.36	1.00	0.39	1.00	0.36	1.00	0.23	1	1	1	1	1	1	1	1	1
5	快速射电暴的观测和理论研究	中国	0.74	0.44	0.30	0.24	0.20	0.25	0.05	0.05	0.14	7	7	8	7	3	8	7	6	2
		美国	2.27	1.30	0.97	0.76	0.54	0.80	0.17	0.19	0.30	1	1	1	1	1	1	1	3	1
6	通过多种方法测量哈勃常数	中国	0.71	0.40	0.31	0.20	0.20	0.25	0.06	0.13	0.13	9	7	16	8	3	13	26	5	2
		美国	2.44	1.23	1.21	0.80	0.43	0.93	0.28	0.27	0.19	1	1	1	1	1	1	1	3	1
7	南极"冰立方中微子天文台"(IceCube)和"费米伽马射线空间望远镜"对高能中微子和伽马射线的观测研究	中国	0.76	0.33	0.43	0.16	0.17	0.30	0.13	0.00	0.10	17	17	18	19	4	18	22	—	3
		美国	2.70	1.39	1.31	0.92	0.47	0.97	0.34	0.52	0.23	1	1	1	1	1	1	1	1	1

129

续表

序号	前沿名称	国家	得分									排名								
			国家研究前沿热度指数	国家贡献度	国家影响度	A	B	C	D	E	F	国家研究前沿热度指数	国家贡献度	国家影响度	A	B	C	D	E	F
8	对银心伽马射线超出现象的多种理论解释	中国	0.35	0.25	0.10	0.10	0.15	0.07	0.03	0.05	0.10	12	7	15	12	4	14	26	3	2
		美国	2.32	1.31	1.01	0.85	0.46	0.82	0.19	0.55	0.28	1	1	1	1	1	1	1	1	1
9	利用宇宙流体动力学模拟方法研究星系形成演化	中国	0.08	0.06	0.02	0.00	0.06	0.00	0.02	0.00	0.02	13	13	15	—	11	—	1	—	8
		美国	2.32	1.24	1.08	0.64	0.60	0.81	0.27	0.45	0.30	3	2	3	3	1	3	15	1	1
10	利用"哈勃空间望远镜"（HST）开展宇宙早期暗淡星系性质研究	中国	0.23	0.14	0.09	0.06	0.08	0.07	0.02	0.00	0.03	14	12	14	10	12	10	26	—	8
		美国	2.87	1.58	1.29	0.88	0.70	0.96	0.33	0.50	0.32	1	1	1	1	1	1	1	1	1
11	昴星团望远镜主焦点相机战略计划及其巡天观测发现	中国	0.35	0.18	0.17	0.06	0.12	0.14	0.03	0.00	0.05	11	11	11	10	12	10	11	—	4
		美国	2.68	1.61	1.07	0.88	0.73	0.91	0.16	0.19	0.27	1	1	2	2	1	2	1	2	2
12	基于21厘米超精细谱线观测研究早期宇宙中的暗物质	中国	0.13	0.12	0.01	0.00	0.12	0.00	0.01	0.00	0.08	8	7	13	2	2	—	13	—	2
		美国	2.34	1.37	0.97	0.75	0.62	0.56	0.41	0.63	0.45	1	1	1	1	1	1	1	1	1
13	基于引力波多信使观测约束中子星的质量、半径和状态方程	中国	0.41	0.31	0.10	0.13	0.18	0.06	0.04	0.00	0.10	5	3	6	3	3	8	6	—	2
		美国	2.10	1.18	0.92	0.75	0.43	0.67	0.25	0.75	0.27	1	1	1	1	1	1	1	1	1

注：指标A：国家核心论文贡献度，指标B：国家施引论文贡献度，指标C：国家核心论文影响度，指标D：国家施引论文影响度，指标E：国家通讯作者核心论文贡献度，指标F：国家通讯作者施引论文贡献度。指标A、C、E为三个核心论文指标，指标B、D、F为三个施引论文指标。

国研究前沿热度指数排名第5，指标A、C、E、F空白，其他指标均排名第5。

第3组，中国处于创新卓越地位，美国处于创新行列地位的2个前沿。热点前沿"高阶非线性薛定谔方程孤子解求解及其在光通信领域的应用"，中国研究前沿热度指数排名第2，指标E排名第1；美国研究前沿热度指数排名第8，指标E空白。新兴前沿"时间分数阶发展方程求解"，中国研究前沿热度指数排名第3，指标E空白；美国研究前沿热度指数排名第7，指标E空白。

第4组，中国处于创新卓越地位，美国处于创新追赶地位的2个前沿。热点前沿"时滞系统稳定性分析方法研究"，中国各个指标均排名第1。美国研究前沿热度指数排名第13，指标A、C、E均空白。新兴前沿"马尔可夫跳跃系统的H^∞控制"，中国各个指标均排名第1；美国研究前沿热度指数排名第13，国家影响度及指标A、C、D、E、F均空白。

第5组，中国处于创新前列地位，美国处于创新卓越地位的1个前沿。热点前沿"Ga_2O_3材料生长及器件研制"，中国研究前沿热度指数和指标E均排名第5；美国研究前沿热度指数排名第2，指标E排名第1（表13.12）。

13.3.10 经济学、心理学及其他社会科学领域

经济学、心理学及其他社会科学领域共遴选12个前沿，包括10个热点前沿和2个新兴前沿，根据中国的表现可以分为4组，中国只有4个前沿处于创新卓越地位（33.33%），4个前沿处于创新前列地位，2个前沿处于创新行列地位，2个前沿仍处于创新追赶地位。美国有10个前沿处于创新卓越地位，1个前沿处于创新前列地位，1个前沿处于创新行列地位。

第1组，中国处于创新卓越地位的4个前沿。热点前沿"能源消耗及碳排放的分解分析方法"，中国各个指标均排名第1；美国研究前沿热度指数和指标E均排名第3，其他指标都排在第2~4名。热点前沿"多属性（目标）决策的一些新模型"，中国各个指标均排名第1；美国研究前沿热度指数排名第8，分指标中，除国家贡献度及指标B排名第6，其他指标均空白。热点前沿"智能手机成瘾的原因及对人身心健康的负面影响"，中国和美国的热度指数和指标E分别排名第3和第1。热点前沿"大数据分析在商业管理中的应用"，中国研究前沿热度指数和指标E均排名第3；美国研究前沿热度指数排名第1，指标E排名第2。

第2组，中国处于创新前列的4个前沿。热点前沿"共享经济的若干问题研究"，中国研究前沿热度指数排名第6，指标E排名第4；美国研究前沿热度指数和指标E排名第1。热点前沿"大脑功能结构及连接模式的fMRI研究方法"，中国研究前沿热度指数排名第4，指标E空白；美国所有指标都排名第1。热点前沿"社会隔离（孤立）对人身心健康的影响"，中国研究前沿热度指数排名第5，指标E空白；美国所有指标都排名第1。

表 13.12 数学、计算机科学与工程学领域 15 个前沿中国和美国 9 个指标得分和排名对比

序号	前沿名称	国家	得分									排名								
			国家研究前沿热度指数	国家贡献度	国家影响度	A	B	C	D	E	F	国家研究前沿热度指数	国家贡献度	国家影响度	A	B	C	D	E	F
1	高阶非线性薛定谔方程孤子解求解及其在光通信领域的应用	中国	1.79	1.05	0.74	0.59	0.46	0.58	0.16	0.50	0.27	2	2	2	2	1	2	3	1	1
		美国	0.42	0.30	0.12	0.17	0.13	0.09	0.03	0.00	0.00	8	7	8	8	6	9	9	—	17
2	基于 D 数理论、DEMATEL 方法以及 TOPSIS 理论的决策方法研究	中国	2.89	1.68	1.21	0.98	0.70	1.00	0.21	0.96	0.68	1	1	1	1	1	1	1	1	1
		美国	0.67	0.36	0.31	0.23	0.13	0.26	0.05	0.06	0.02	2	2	2	2	2	2	2	2	5
3	水下瞬态空化流的数值模拟研究	中国	2.74	1.57	1.17	0.88	0.69	0.82	0.35	0.88	0.66	1	1	1	1	1	1	1	1	1
		美国	0.37	0.15	0.22	0.09	0.06	0.17	0.05	0.00	0.03	3	3	3	3	3	3	3	—	4
4	无人机中继网络的部署和轨迹优化	中国	0.80	0.63	0.17	0.24	0.39	0.08	0.09	0.14	0.32	2	1	6	2	1	8	3	3	1
		美国	1.00	0.52	0.48	0.29	0.23	0.33	0.15	0.24	0.11	1	2	1	1	2	1	1	1	2
5	时滞系统稳定性分析方法研究	中国	3.20	1.93	1.27	1.00	0.93	1.00	0.27	0.86	0.83	1	1	1	1	1	1	1	1	1
		美国	0.01	0.01	0.00	0.00	0.01	0.00	0.00	0.00	0.00	13	13	19	—	10	—	17	—	9
6	高温构件寿命预测及可靠性评估	中国	3.00	1.64	1.36	0.90	0.74	0.95	0.41	0.81	0.69	1	1	1	1	1	1	1	1	1
		美国	0.65	0.35	0.30	0.19	0.16	0.22	0.08	0.05	0.09	2	2	3	3	2	3	3	3	2
7	Ga_2O_3 材料生长及器件研制	中国	0.24	0.20	0.04	0.03	0.17	0.02	0.02	0.03	0.16	5	5	8	6	3	8	5	5	3
		美国	1.45	0.95	0.50	0.56	0.39	0.38	0.12	0.41	0.33	2	2	2	1	2	2	2	1	1
8	云计算环境中的数据安全研究	中国	3.16	1.88	1.28	1.00	0.88	1.00	0.28	0.93	0.82	1	1	1	1	1	1	1	1	1
		美国	0.75	0.39	0.36	0.23	0.16	0.28	0.08	0.02	0.03	2	2	2	2	2	2	2	2	2

续表

序号	前沿名称	国家	得分									排名						
			国家研究前沿热度指数	国家贡献度	国家影响度	A	B	C	D	E	F	国家研究前沿热度指数	国家贡献度	国家影响度	A	B	C	D	E	F
9	非正交多路访问网络	中国	1.76	1.11	0.65	0.51	0.60	0.55	0.10	0.32	0.52	1	1	1	1	1	1	1	1	1
		美国	1.01	0.50	0.51	0.36	0.14	0.44	0.07	0.21	0.03	3	3	3	3	3	3	3	3	5
10	电动汽车用锂离子电池的荷电状态估计	中国	2.40	1.40	1.00	0.80	0.60	0.77	0.23	0.78	0.56	1	1	1	1	1	1	1	1	1
		美国	0.98	0.46	0.52	0.29	0.17	0.42	0.10	0.07	0.08	2	2	2	2	2	2	2	3	2
11	工业传感器网络及智能城市等	中国	2.92	1.80	1.12	0.98	0.82	0.96	0.16	0.96	0.76	1	1	1	1	1	1	1	1	1
		美国	1.14	0.69	0.45	0.44	0.25	0.38	0.07	0.04	0.02	2	2	2	2	2	2	2	2	4
12	卷积神经网络在磁共振图像处理中的应用	中国	0.72	0.36	0.36	0.11	0.25	0.11	0.25	0.11	0.20	3	3	3	5	2	7	2	2	2
		美国	2.13	1.10	1.03	0.67	0.43	0.74	0.29	0.44	0.29	1	1	1	1	1	1	1	1	1
13	时间分数阶发展方程求解	中国	1.19	0.78	0.41	0.25	0.53	0.32	0.09	0.00	0.43	3	3	4	4	1	4	4	—	1
		美国	0.13	0.09	0.04	0.00	0.09	0.00	0.04	0.00	0.02	7	7	6	—	6	—	5	—	9
14	基于最小二乘的迭代参数估计算法及其应用	中国	3.19	1.97	1.22	1.00	0.97	1.00	0.22	1.00	0.91	1	1	1	1	1	1	1	1	1
		美国	0.02	0.02	0.00	0.00	0.02	0.00	0.00	0.00	0.00	5	5	5	—	6	—	5	—	—
15	马尔可夫跳跃系统的H^∞控制	中国	3.54	1.93	1.61	1.00	0.93	1.00	0.61	0.75	0.81	1	1	1	1	5	1	5	1	1
		美国	0.01	0.01	0.00	0.00	0.01	0.00	0.00	0.00	0.00	13	9	5	—	9	—	—	—	—

注：指标 A：国家核心论文贡献度，指标 B：国家施引论文贡献度，指标 C：国家核心论文影响度，指标 D：国家施引论文指标，指标 E：国家通讯作者核心论文贡献度，指标 F：国家通讯作者施引论文贡献度。指标 A、C、E 为三个核心论文指标，指标 B、D、F 为三个施引论文指标。

热点前沿"工业4.0及其影响",中国研究前沿热度指数排名第5,指标A、C、E空白;美国除指标F排名第2外,其余8个指标都排名第1。

第3组,中国处于创新行列的2个前沿。热点前沿"在线众筹背景下投资者行为研究",中国研究前沿热度指数排名第7,指标A、C、E均空白;美国各个指标均排名第1。热点前沿"多区域投入产出模型在世界经济和资源环境研究中的应用",中国研究前沿热度指数排名第8,指标E空白,美国研究前沿热度指数和指标E均排名第4。

第4组,中国处于创新追赶地位的2个前沿。热点前沿"基于共享社会经济的预测问题研究",中国研究前沿热度指数排名第15,指标A、C、E均空白;美国所有指标都排名第1。热点前沿"偏好最小二乘结构方程模型(PLS-SEM)及其应用",中国研究前沿热度指数排名第11,指标A、C、E均空白;美国研究前沿热度指数和指标E均排名第3(表13.13)。

13.4 讨论

本章通过研究前沿的中美比较定量数据分析,揭示出现阶段中国在若干研究上已经处于较高的创新位势,70%以上的研究前沿已经处于创新行列及以上(包括创新前列和创新卓越)地位;美国在绝大多数研究前沿处于较高的创新地位,98%以上的研究前沿上处于创新行列地位。

但中国与美国在前沿研究上仍有较大差距,中美研究前沿热度指数分别为139.68和204.89,中国约为美国的68.17%。中国和美国分别有63个(占前沿总数的45.99%)和115个(占前沿总数的83.94%)前沿处于创造卓越地位,中国处于创新卓越地位的前沿数是美国的54.78%;美国129个前沿(占前沿总数94.16%)处于创新前列地位,136个前沿(占总数99.27%)处于创新行列地位;中国在86个(占前沿总数的62.77%)研究前沿上已经进入了创新前列(包括创新前列和创新卓越),108个(占前沿总数78.83%)研究前沿进入了创新前沿行列,但仍有29个(占前沿总数21.17%)的研究前沿仍处在创新追赶状态。

通过以上分析,建议我国在落实全面加强基础研究政策过程中,要分类施策,分别深入分析每个学科的整体短板和具体前沿短板。在学科上全面加强布局,对影响基础研究系统发展的空白点,坚决填补,不留缺项;对创新追赶类的学科和方向要查摆原因,找出"痛点",不急不躁,深耕不懈,奋力追赶;对于创新前列类的学科和方向,总结优势,持续支持,培育卓越;对于创新卓越类学科和方向,战略聚焦,营造生态,产出原创。

第13章 中美研究前沿科研实力比较研究

表13.13 经济学、心理学及其他社会科学领域12个前沿中国和美国的9个指标得分和排名对比

序号	前沿名称	国家	得分									排名								
			国家研究前沿热度指数	国家贡献度	国家影响度	A	B	C	D	E	F	国家研究前沿热度指数	国家贡献度	国家影响度	A	B	C	D	E	F
1	基于共享社会经济的预测问题研究	中国	0.18	0.12	0.06	0.00	0.12	0.00	0.06	0.00	0.08	15	14	17	—	7	—	11	—	4
		美国	2.15	1.03	1.12	0.62	0.41	0.80	0.32	0.31	0.22	1	1	1	1	1	1	1	1	1
2	共享经济的若干问题研究	中国	0.28	0.22	0.06	0.11	0.11	0.03	0.03	0.07	0.08	6	4	12	4	4	11	10	4	3
		美国	0.82	0.58	0.24	0.33	0.25	0.14	0.10	0.22	0.17	1	1	3	1	3	3	2	1	1
3	智能手机成瘾的原因及对人身心健康的负面影响	中国	0.50	0.34	0.16	0.19	0.15	0.09	0.07	0.10	0.11	3	3	6	3	2	8	7	3	2
		美国	1.18	0.64	0.54	0.33	0.31	0.29	0.25	0.19	0.21	1	1	1	1	2	2	1	1	1
4	偏好最小二乘结构方程模型（PLS-SEM）及其应用	中国	0.15	0.12	0.03	0.00	0.12	0.00	0.03	0.00	0.08	11	8	14	—	3	—	10	—	3
		美国	1.27	0.71	0.56	0.50	0.21	0.42	0.14	0.14	0.10	3	1	5	1	1	5	4	3	2
5	大数据分析在商业管理中的应用	中国	0.85	0.46	0.39	0.21	0.25	0.24	0.15	0.12	0.20	3	3	3	3	3	3	2	3	1
		美国	1.10	0.54	0.56	0.33	0.21	0.37	0.19	0.21	0.13	1	2	1	2	2	1	1	2	2
6	能源消耗及碳排放的分解分析方法	中国	2.27	1.35	0.92	0.59	0.76	0.52	0.40	0.51	0.68	1	1	1	1	1	1	1	2	1
		美国	0.40	0.18	0.22	0.05	0.13	0.10	0.12	0.05	0.03	3	3	4	4	3	5	2	3	4
7	在线众筹背景下投资者行为研究	中国	0.28	0.20	0.08	0.00	0.20	0.00	0.08	0.00	0.15	7	4	9	1	1	—	3	—	2
		美国	1.87	0.99	0.88	0.56	0.43	0.65	0.23	0.52	0.31	1	1	1	1	1	1	1	1	1

续表

序号	前沿名称	国家	得分									排名								
			国家研究前沿热度指数	国家贡献度	国家影响度	A	B	C	D	E	F	国家研究前沿热度指数	国家贡献度	国家影响度	A	B	C	D	E	F
8	大脑功能结构及连接模式的fMRI研究方法	中国	0.36	0.23	0.13	0.10	0.13	0.07	0.06	0.00	0.10	4	4	5	3	4	5	5	—	2
		美国	2.83	1.48	1.35	0.90	0.58	0.89	0.46	0.80	0.44	1	1	1	1	1	1	1	1	1
9	多区域投入产出模型在世界经济和资源环境研究中的应用	中国	0.41	0.25	0.16	0.05	0.20	0.08	0.08	0.00	0.16	8	6	9	9	2	9	10	—	1
		美国	0.69	0.41	0.28	0.19	0.22	0.11	0.17	0.10	0.11	4	4	6	4	6	6	2	4	2
10	社会隔离（孤立）对人身心健康的影响	中国	0.18	0.14	0.04	0.08	0.06	0.01	0.03	0.00	0.05	5	4	5	4	4	5	7	—	4
		美国	2.07	1.09	0.98	0.62	0.47	0.57	0.41	0.62	0.37	1	1	1	1	1	1	1	1	1
11	多属性（目标）决策的一些新模型	中国	3.42	1.94	1.48	1.00	0.94	1.00	0.48	1.00	0.93	1	1	1	1	1	1	1	1	1
		美国	0.02	0.02	0.00	0.00	0.02	0.00	0.00	0.00	0.00	—	6	—	—	6	—	—	—	—
12	工业4.0及其影响	中国	0.34	0.26	0.08	0.00	0.26	0.00	0.08	0.00	0.22	6	5	6	—	2	—	5	—	1
		美国	1.15	0.61	0.54	0.33	0.28	0.32	0.22	0.33	0.11	1	1	1	1	1	1	1	1	2

注：指标A：国家核心论文贡献度，指标B：国家施引论文贡献度，指标C：国家核心论文影响度，指标D：国家施引论文影响度，指标E：国家通讯作者核心论文贡献度，指标F：国家通讯作者核心论文贡献度，指标A、C、E为三个核心论文指标，指标B、D、F为三个施引论文指标。

参考文献

[1] de Solla Price D J. Networks of scientific papers: the pattern of bibliographic references indicates the nature of the scientific research front. Science, 1965, 149 (3683): 510-515.

[2] 中国科学院科技战略咨询研究院, 中国科学院文献情报中心, 科睿唯安.《2019研究前沿》报告. http://www.casisd.cn/zkcg/zxcg/201911/P020191202389360196297.pdf［2020-09-01］.

[3] 中国科学院科技战略咨询研究院, 科睿唯安.《2019研究前沿热度指数》报告. http://www.casisd.cn/zkcg/zxcg/201911/P020191202389853494887.pdf［2020-09-01］.

附录 研究前沿综述：寻找科学的结构

作者：David Pendlebury

Eugene Garfield 于 1955 年第一次提出"科学引文索引"概念之际，即强调了引文索引区别于传统学科分类索引的几点优势[1]。因为引文索引会对每一篇文章的参考文献做索引，检索者就可以从一些已知的论文出发，去跟踪新近出版的引用了这些已知论文的论文。此外，无论是顺序查找还是回溯引用论文，引文索引都是高产与高效的。

因为引文索引是基于研究人员自身的见多识广的判断，并反映在他们文章的参考文献中，而图书情报索引专家对出版物的内容并不如作者熟悉，只靠分类来做索引。Garfield 将这些作者称作"引文索引部队"，同时他认为这种索引是一张"创意联盟索引"。他认为引文是各种思想、概念、主题、方法的标志："引文索引可以精确地、毫不模糊地呈现主题，不需要过多的解释，并对术语的变化具备免疫力。"[2] 除此之外，引文索引具有跨学科属性，打破了来源文献覆盖范围的局限性。引文所呈现出的联系不局限于一个或几个领域——这种联系遍布整个研究世界。对科学而言，自从学科交叉被公认为研究发现的沃土，引文索引便呈现出独特的优势。诺贝尔奖得主 Joshua Lederberg 是 Garfield 这一思想较早的支持者，他在自己的遗传学研究领域与生物化学、统计学、农业、医学的交叉互动中受益匪浅。Science Citation Index（现在的 Web of Science）创建于 1964 年，至 2019 年已有 55 个年头[3]。虽然 Science Citation Index 经过很多年才被图书情报人员以及学术圈完全认可，但是引文索引理念的影响力以及它在操作过程中产生的实质作用是无法被否认的。

虽然 Science Citation Index 的主要用途是信息检索，但是从其诞生之初，Garfield 就很清楚他的数据可以被用来分析科学研究本身。首先，他意识到论文的被引频次可以界定"影响力"显著的论文，而这些高被引论文的聚类分析结果可以指向具体的领域。不仅如此，他还深刻理解到大量的论文之间的引用与被引用揭示了科学的结构，虽然它极其复杂。他发表于 1963 年的一篇论文 "Citation Indexes for Sociological and Historical Research"，论述了利用引文分析客观探寻研究前沿的方法[4]。这篇文章背后的逻辑与利用引文索引进行信息检索的逻辑如出一辙：引文不仅仅体现了智力活动之间的相互连接，还体现了研究者社会属性的相互联系，它是研究人员做出的智力判断，反映了学术领域学者行为的高度自治与自律。Garfield 在 1964 年与同事 Irving H. Sher 及 Richard J. Torpie 第一次将引文关系佐证下指向的具备影响力的相关理论按时期进行线性描述，制作出 DNA 的发现过程及其结构研究的一幅科学历史脉络图[5]。Garfield 清楚地看到引文数据是呈现科学结构的最好素材。到目前为止，除了利用引文数据绘制了特定研究领域的历史图谱外，尚未出现一幅展示更为宏大的科学结构的图谱。

在这个领域 Garfield 并不孤独。同期，物理学、科学史学家 Derek J. de Solla Price 也在试图探寻科学研究的本质与结构。作为耶鲁大学的教授，他首先使用科学计量方法对科学研究活动进行了测量，并且分别于 1961 年与 1963 年出版了两本颇具影响力的书，证明了为什么 17 世纪以来无论是研究人员数量还是学术出版数量都呈现指数增长态势[6,7]。但是在他的工作中鲜有对科学研究活动本身的统计分析，因为在他不知疲倦的探究之路上，获取、质询、解读研究活动的想法还没有提上日程。de Solla Price 与 Garfield 正是在此时相识了。de Solla Price，这位裁缝的儿子，收到了来自 Garfield 的数据。他这样描述当时的情景："我从 ISI 计算机房的剪裁板上取得了这些数据。"[8]

1965 年，de Solla Price 发表了《科学研究论文网络》一文。文中利用了大量的引文分析数据描述他所定义的"科学研究前沿"的本质[9]。之前，他使用"研究前沿"这个词语时采用的是其字面意思，即某些卓越科学家在最前沿所进行的领先研究。但是在这篇论文中，他以 N 射线研究为例（该研究领域的生命周期很短），基于按时间顺序排列的论文及其互引模式构成的网络，从出版物的密度以及不同时期活跃度的角度对研究前沿进行了描述。de Solla Price 观察到研究前沿是建立在新近发表的"高密度"论文上，这些论文之间呈现出联系紧密的网状关系图。

"研究前沿从来都不是像编织那样一行一行编出来的。相反，它常常被漏针编织成小块儿或者小条儿。这些'条'被客观描述成'主题'，对'主题'的描述虽然随着时间推移会发生巨大变化，但是作为智力活动的内在含义保持了相对稳定性。如果有人想探寻这种'条'的本质，也许就会指向一种勾勒当前科学论文'地形图'的方法。这种'地形图'形成过程中，人们可以通过期刊在地图中的位置以及在'条'中的战略中心地位来识别期刊（实际上是国家、个人或单篇论文）的共同及各自相对的重要性。"[10]

时间到了1972年，年轻的科学史学者Henry Small离开位于纽约的美国物理学会，加入费城的美国科技信息研究所（ISI），他加入的最初动机是希望可以利用Science Citation Index的数据以及题名和关键词的价值。但是很快他就调整了方向，把注意力从"文字"转向了"文章间相互引用行为"。这种转变背后的动机与Garfield和de Solla Price不谋而合：引文的力量及其发展潜力。1973年，Small在Garfield 1955年介绍引文思想论文的基础上，开拓了自己全新的方向，发表了论文"Co-citation in the Scientific Literature: A New Measure of Relationship Between Two Documents"。这篇论文介绍了一种新的研究方法——"共被引分析"，将描述科学学科结构的研究带入了一个新的时期[11]。Small利用两篇论文共同被引用的次数来描述这两篇论文的相似程度，换句话说就是统计"共被引频率"来确认相似度。

他利用当时新发表的粒子物理领域的论文分析来阐述自己的方法。Small发现，这些通过"共被引"联系在一起的论文常常在研究主题上有高度的相似度，是相互关联的思想集合。他认为基于论文被引用频率的分析，可以用来寻找领域中关键的概念、方法和实验，是进行"共被引分析"的起点。前者用客观的方式揭示了学科领域的智力、社会和社会认知结构。像de Solla Price做研究前沿的研究一样，Small将最近发表的通过引用关系紧密编织在一起的论文聚成组，接着通过"共被引"分析，发现分析结果指向了自然关联在一起的"研究单元"，而不是传统定义的"学科"或较大的领域。Small将"共被引分析"比作一部完整的电影，而不是一张孤立的图片，以表达他对该方法潜力的极大信任。他认为，通过重要论文间的相互引用模式分析，可以呈现某个研究领域的结构图，这幅结构图会随着时间的推移而发生变化，通过研究这种不断变化的结构，"共被引分析"可以帮助我们跟踪科学研究的进展，以及评估不同研究领域的相互影响程度。

还有一位值得注意的科学家是俄罗斯研究信息科学的Irina V. Marshakova-Shaikevich。她也在1973年提出了"共被引分析"的思想[12]。但是Small与Marshakova-Shaikevich并不了解彼此的工作，因此他们的工作可以被看作是相互独立、不谋而合的研究。科学社会学家Robert K. Merton将这种现象称作"共同发现"，这在科学史上是非常常见的现象，而很多人却没有意识到这种常见现象的存在[13,14]。Small与Marshakova-Shaikevich都将"共被引分析"与"文献耦合"现象进行了对比，后者是Myer Kessler于1963年阐释的思想[15]。

"文献耦合"也是用来度量两篇论文研究内容相似程度的方法，该方法基于两篇论文中出现相同参考文献的频次来度量它们的相似程度，即如果两篇论文共同引用了同一篇参考文献，它们的研究内容就可能存在相似关系，相同的参考文献越多，相似度越大。"共被引分析"则是"文献耦合"分析的"逆"方向：不用两篇文章共同引用的参考文献频次做内容相似度研究的线索，而是将"共同被引用"的参考文献聚类，通过"共被引分析"度量这些参考文献的相似度。"文献耦合"方法所判断两篇文章之间的相似度是"静态"的，因为当文章发表后，其文后的参考文献不会再发生变化，也就是说两篇论文之间的相似关系被固定下来了；但是"共被引"分析是一个逆过程，你永远无法预知哪些论文会被未来发表的论文"共同被引用"，它会随着研究的发展发生动态的变化。Small 更倾向于使用"共被引分析"，他认为这样的逆过程能够反映科学活动、科学家认知随着时间发生的变化[16]。

接下来的一年，即 1974 年，Small 与位于费城德雷塞尔大学的 Belver C. Griffith 共同发表了两篇该领域里程碑式的著作，阐释了利用"共被引分析"寻找"研究单元"的方法，并且利用"研究单元"间的相似度做图呈现研究工作的结构[17,18]。虽然此后该方法有过一些重大的调整，但是它的基本原理与实施方式从来没有改变过。首先遴选高被引论文合集作为"共被引分析"的种子。将这样的高被引论文合集限定在一定规模范围内，这些论文被假定可以作为其相关研究领域关键概念的代表论文，对该领域起着重要的影响作用，作为寻找这些论文的线索，"被引用历史"成为关键点，利用引用频次建立的统计分析模型可以证明这些论文的确具有学科代表性与稳定性。一旦这样的合集被筛选出来，就要对该合集做"共被引"扫描。合集中，同时被同一篇论文引用的论文被结成对，称作"共被引论文对"，当然会出现很多结不成对的"0"结果。当很多"共被引论文对"被找到时，接下来会检查这些"共被引论文对"之间是否存在"手拉手"的关系，举例来说：如果通过"共被引扫描"发现了"共被引论文对 A 和 B""共被引论文对 C 和 D""共被引论文对 B 和 C"，那么由于论文 B 和 C 的共被引出现，"共被引论文对 A 和 B"与"共被引论文对 C 和 D"就被联系到一起了。我们就认为两个"共被引论文对"出现了一次交叉或者"拉手"。因为这一次交叉，就将这两个"共被引论文对"合并聚成簇，也就是说两个"共被引论文对"间只需要一次"拉手"就能形成联系。

通过调高或调低共被引强度阈值可以得到规模大小不同的"聚类"或者"群"。阈值越低，越多的论文得以聚类，形成的"群"越大，阈值过低则会形成不间断的"论文链"。如果调高阈值，就可以形成离散的专业领域，但是如果相似度阈值设得太高，就会形成太多分裂的"孤岛"。

在构建研究前沿方法中采用的"共被引相似度"计量方法以及共被引强度阈值随着时间的推移有所不同。今天我们采用余弦相似性（cosine similarity）方法计量"共被引相似度"，即用共被引频次除以两篇论文的引用次数的平方根。而"共被引强度"最小阈值是相似度 0.1 的余弦，不过这个值是可以逐渐调高的，一旦调高就会将大的"聚类"变小。通常如果研究前沿聚类核心论文超过最大值 50 时，我们就会这样做。反复试验表明，这种做法能产生有意义的研究前沿。

现在我们做个总结，研究前沿是由一组高被引论文和引用这些论文的相关论文组成的，这些高被引论文的共被引相似度强度位于设定的阈值之上。

事实上，研究前沿聚类应该同时包含两个组成部分，一部分是通过共被引找到的核心论文，这些论文代表了该领域的奠基工作；另外一部分就是对这些核心论文进行引用的施引论文，它们中最新发表的论文反映了该领域的新进展。研究前沿的名称则是从这些核心论文或施引论文的题名总结来的。ESI数据库中研究前沿的命名主要是基于核心论文的题名。有些前沿的命名也参考了施引论文。因为正是这些施引论文的作者通过共被引决定了重要论文的对应关系，也是这些施引论文作者赋予研究前沿以意义。研究前沿的命名并不是通过算法来进行的，仔细地、一篇一篇通过人工探寻这些核心论文和施引论文，无疑会对研究前沿工作本质的描述更加精确。

Garfield这样评价Small与Griffith的工作，"他们的工作是我们的飞行器得以起飞的最后一块理论基石"[19]。Garfield——一位实干家，他将自己的理论研究工作转化成了数据库产品，无论是信息检索还是分析领域都受益良多。这个飞行器以1981年出版的《ISI科学地图：生物化学和分子生物学》（*ISI Atlas of Science: Biochemistry and Molecular Biology, 1978/80*）而宣告起飞[20]。可以说，这本书所呈现的工作与Small的工作有着内在的联系。这本书分析了102个研究前沿，每一个前沿都包括一张图谱，包含了前沿背后的核心论文，以及多角度展示这些论文间的相互关系。每一组核心论文被详细列出，并且给出它们的被引用次数，那些重要的施引论文也会在清单中，还会基于核心论文的被引用次数给出每个前沿的相关权重。

伴随这些分析数据的还有来自各前沿专业领域的专家撰写的综述。书的最后，是这102个研究前沿汇总在一起的巨大图谱，显示出它们之间的相似关系。这绝对是跨时代的工作，但对于市场来说无异于一场赌博，这就是Garfield的个性写真。

Small与Griffith于1974年共同发表的第二篇论文中，可以看到对不同研究前沿相似度的度量[21]。通过共被引分析构建的研究前沿及其核心论文，是建立在这些论文本身的相似度基础上的。同样，用这种方法形成的不同研究前沿之间的相似度也是可以描述的，从而发现那些彼此联系紧密的研究前沿。在他们的研究前沿图谱中，Small与Griffith通过不同角度剖析、缩放数据以期接近这两个维度的研究方向。

对Small与Griffith的工作，尤其是从以上两个维度解析通过共被引分析聚类论文图谱的工作，Price认为"看上去这是非常深奥的工作，也是革命性的突破"。他强调"他们的发现似乎预示着科学研究存在内在的结构与秩序，需要我们进一步去发现、辨识、诊断。我们惯常用分类、主题词的方式去描述它，看上去与它自然内在的结构是背道而驰的。如果我们真想发现科学研究结构的话，无疑需要分析海量的科学论文，生成巨型地图。这个过程是动态的，不断随着时间而变化，这使得我们在第一时间就能捕捉到它的进展与特性"[22]。

在出版了另一本书和一系列综述性期刊之后[23,24]，ISI Altas of Science 作为系列出版物终止于20世纪80年代。出于商业考虑，那时还有更优先的事情需要做。但是 Garfield 与 Small 继续执着地行走在科学图谱这条道路上，他们几十年来做了各种研究与实验。1985年，Small 发表了两篇论文来介绍他关于研究前沿定义方法的重要修正：分数共被引聚类法（fractional co-citation clustering）[25]。

根据引用论文的参考文献的多少，通过计算分数被引频次调整领域内平均引用率差异，借此消除整体计数给高引用领域（如生物医药领域）带来的系统偏差。随着方法的改进，数学显得愈发重要，而在整数计数时代，数学曾被忽视。他还提出基于相似度可以将不同研究前沿聚类，这超越了单个研究前沿聚组的工作[26]。同年，Garfield 与 Small 发表了"The Geography of Science: Disciplinary and National Mappings"，阐述了他们研究的新进展。该论文汇集了 Science Citation Index 与 Social Sciences Citation Index 数据，勾勒出全球该领域的研究状况，从全球的整体图出发，他们还进一步探索了更小分割单位的研究图谱[27]。这些宏—聚

类间的关系与具体研究内容同样重要。这些关联如同丝线，织出了科学之网。

接下来的几年里，Garfield 致力于发展他的科学历史图谱，并在 Alexander I. Pudovkin 与 Vladimir S. Istomin 的协助下，开发了 HistCite 这一软件工具。HistCite 不仅能够基于引用关系自动生成一组论文的历史图谱，提供某一特定研究领域论文发展演化的缩略图，还可以帮助识别相关论文，这些相关论文有可能在最初检索时没有被检索到，或者没有被识别出来。因此，HistCite 不仅是一个科学历史图谱的分析软件，也是帮助论文检索的工具[28,29]。

Small 继续完善着他的共被引分析聚类方法，并且试图基于某个学科领域前沿之间呈示的认知关系图谱探索更多的细节内容[30,31]。背后的驱动力是对科学统一性的强烈兴趣。为了显示这种统一性，Small 展示了通过强大的共被引关系，如何从一个研究主题漫游到另一个主题，并且跨越了学科界限，甚至从经济学跨越到天体物理学[32,33]。对此 Small 与 E. O. Wilson 有类似的看法，后者在1998年出版的 *Consilience: The Unity of Knowledge* 一书中表达了类似的思想[34]。20世纪90年代早期，Small 发展了 Sci-Map，这是一个基于个人电脑的论文互动图形系统[35]。后来的数年中，他将研究前沿的研究数据放到了 ESI 数据库中。

ESI 数据库主要用来做研究绩效分析。ESI 中的研究前沿，以及有关排名的数据每两个月更新一次。这时候，Small

对虚拟现实软件产生了极大的兴趣，因为这类软件可以产生模拟真实情况的三维虚拟图形，可以实时处理海量数据[36,37]。例如，20世纪90年代末期，Small领导了一个科学论文虚拟图形项目，在桑迪亚国家实验室成功开发了共被引分析虚拟现实软件VxInsight[38,39]。

由于桑迪亚国家实验室高级研究经理Charles E. Meyers富有远见的支持，在动态实时图形化学术论文领域，该研究无疑迈出了巨大的一步，这也是一个未来发展迅速的领域。该软件可以将论文的密度及显著特征用山形描绘出来。可以放大、缩小图形的比例尺，允许用户通过这样的比例尺缩放游走在不同层级学科领域。基础数据的查询结果被突出显示，一目了然。

事实上，20世纪90年代末期对于科学图谱研究来说是一个转折点，之后，有关如何界定研究领域，以及领域间关系的可视化研究都得到了迅猛发展。全球现在有很多学术中心致力于科学图谱的研究，他们使用的方法与工具不尽相同。印第安纳大学的Katy Borner教授在其2010年出版的一本书——*Atlas of Science — Visualizing What We Know* 中对该领域过去10年取得的进展做了总结，当然这本书的名字听上去似曾相识[40]。

从共被引聚类生成科学图谱诞生，到今天这个领域走向繁荣，大约经历了25年的时间。很有意思的是，引文思想从产生到Science Citation Index的商业成功也大约经历了25年。当我们回顾这个进程时，清楚地看到相对于它们所处的时代来说两者都有些超前。如果说Science Citation Index面临的挑战来自图书馆界根深蒂固的传统思想与模式（进一步说就是来自研究人员检索论文的习惯性行为），那么，科学图谱，作为一个全新的领域，之所以迟迟未被采纳，其原因应归为，在当时的条件下，缺乏获取研究所需的大量数据的渠道，并受到落后的数据存储、运算、分析技术的限制。直到20世纪90年代，这些问题才得到根本解决。目前正以前所未有的速度为分析工作提供海量的分析数据，个人计算机与软件的发展也使个人计算机可以胜任这些分析工作。今天，我们利用Web of Science进行信息检索、结果分析、研究前沿分析、图谱生成，以及科学活动分析，它不仅拥有了用户，还拥有了忠诚的拥趸与宣传者。

Garfield与Small辛勤播种，很多年后这些种子得以生根、发芽，在很多领域迸发出勃勃生机。有人这样定义什么是了不起的人生——"在人生随后的岁月中，将年轻时萌发的梦想变成现实"。从这个角度说，他们两人不仅开创了信息科学的先锋领域，而且成就了他们富有传奇的人生。科睿唯安将继续支持并推进这个传奇的持续发展。

参考文献

[1] Garfield E. Citation indexes for science: a new dimension in documentation through association of ideas. Science, 1955, 122 (3159): 108-111.

[2] Garfield E. Citation Indexing: Its Theory and Application in Science, Technology, and Humanities. NewYork: John Wiley & Sons, 1979: 3.

[3] Genetics Citation Index. Philadelphia: Institute for

Scientific Information, 1963.

[4] Garfield E. Citation indexes in sociological and historic research. American Documentation, 1963, 14 (4): 289-291.

[5] Garfield E, Sher I H, Torpie R J. The Use of Citation Data in Writing the History of Science. Philadelphia: Institute For Scientific Information, 1964.

[6] de Solla Price D J. Science Since Babylon. New Haven: Yale University Press, 1961.

[7] de Solla Price D J. Little Science, Big Science. New York: Columbia University Press, 1963.

[8] de Solla Price D J. Foreword in Eugene Garfield, Essays of an Information Scientist, Volume 3, 1977-1978. Philadelphia: Institute For Scientific Information, 1979: v-ix.

[9] de Solla Price D J. Networks of scientific papers: the pattern of bibliographic references indicates the nature of the scientific research front. Science,1965, 149 (3683): 510-515.

[10] 同[9].

[11] Small H. Co-citation in the scientific literature: a new measure of the relationship between two documents. Journal of the American Society for Information Science, 1973, 24 (4): 265-269.

[12] Marshakova-Shaikevich I V. System of document connections based on references.Nauchno Tekhnicheskaya, Informatsiza Seriya 2, 1973, 6: 3-8.

[13] Merton R K. Singletons and multiples in scientific discovery: a chapter in the sociology of science. Proceedings of the American Philosophical Society, 1961, 105 (5): 470-486.

[14] Merton R K. Resistance to the systematic study of multiple discoveries in science. Archives Européennes de Sociologie, 1963, 4 (2): 237-282.

[15] Kessler M M. Bibliographic coupling between scientific papers. American Documentation, 1963,14 (1): 10-25.

[16] Small H. Cogitations on co-citations. Current Contents, 1992, 10: 20.

[17] Small H, Griffth C. The structure of scientific literatures I: Identifying and graphing specialties. Science Studies, 1974, 4 (1):17-40.

[18] Griffith B C, Small H, Stonehill J A, et al. The structure of scientific literatures II: toward amacro- and microstructure for science. Science Studies, 1974, 4 (4): 339-365.

[19] Garfield E. Introducing the ISI Atlas of Science: Biochemistry and Molecular Biology, 1978/80. Current Contents, 42, 5-13, October 19, 1981 [reprinted in Eugene Garfield, Essays of an Information Scientist, Vol. 5, 1981-1982, Philadelphia: Institute for Scientific Information, 1983,279-287].

[20] ISI Atlas of Science: Biochemistry and Molecular Biology,1978/80, Philadelphia: Institute for Scientific Information,1981.

[21] 同[20].

[22] 同[8].

[23] ISI Atlas of Science: Biotechnology and Molecular Genetics, 1981/82, Philadelphia: Institute for Scientific Information, 1984.

[24] Garfield E. Launching the ISI Atlas of Science: for the new year, a new generation of reviews. Current Contents, 1: 3-8, January 5, 1987 [reprinted in Eugene Garfield, Essays of an Information Scientist, vol. 10,1987, Philadelphia: Institute for Scientific Information,1988, 1-6].

[25] Small H, Sweeney E D. Clustering the Science Citation Index using co-citations. I. A comparison of methods. Scientometrics, 1985, 7 (3-6): 391-409.

[26] Small H, Sweeney E D, Greenlee E. Clustering the Science Citation Index using co-citations. II. Mappingscience. Scientometrics, 1985, 8 (5-6): 321-340.

[27] Small H, Garfield E. The geography of science: disciplinary and national mappings. Journal of Information Science, 1985, 11 (4): 147-159.

[28] Garfield E, Pudovkin A I, Istomin V S. Why do we need algorithmic historiography? Journal of the American Society for Information Science and Technology, 2003, 54(5): 400-412.

[29] Garfield E. Historiographic mapping of knowledge domains literature. Journal of Information Science, 2004, 30(2): 119-145.

[30] Small H. The synthesis of specialty narratives from co-citation clusters. Journal of the American Society for Information Science, 1986, 37 (3): 97-110.

[31] Small H. Macro-level changes in the structure of cocitation clusters: 1983-1989. Scientometrics, 1993, 26 (1): 5-20.

[32] Small H. A passage through science: crossing disciplinary boundaries. Library Trends, 1999, 48 (1): 72-108.

[33] Small H. Charting pathways through science: exploring Garfield's vision of a unified index to science//Cronin B, Atkins H B. The Web of Knowledge: A Festschrift in Honor of Eugene Garfield. Medford: American Society for Information Science, 2000: 449-473.

[34] Wilson E O. Consilience: The Unity of Knowledge, New York: Alfred A. Knopf, 1998.

[35] Small H. A Sci-MAP case study: building a map of AIDs Research. Scientometrics, 1994, 30 (1): 229-241.

[36] Small H. Update on science mapping: creating large document spaces. Scientometrics, 1997, 38 (2): 275-293.

[37] Small H. Visualizing science by citation mapping. Journal of the American Society for Information Science, 1999, 50 (9):799-813.

[38] Davidson G S, Hendrickson B, Johnson D K, et al. Knowledge mining with VxInsight: discovery through interaction. Journal of Intelligent Information Systems, 1998, 11 (3): 259-285.

[39] Boyack K W, Wylie B N, Davidson G S. Domain visualization using VxInsight for science and technology management. Journal of the American Society for Information Science and Technology, 2002, 53 (9): 764-774.

[40] Börner K. Atlas of Science: Visualizing What We Know. Cambridge: MIT Press, 2010.